Gizachew Delilo

Sincronização e gestão do cio em bovinos

Gizachew Delilo

Sincronização e gestão do cio em bovinos

Situação atual e estratégias futuras em países em desenvolvimento como a Etiópia em África e nos trópicos

ScienciaScripts

Imprint
Any brand names and product names mentioned in this book are subject to trademark, brand or patent protection and are trademarks or registered trademarks of their respective holders. The use of brand names, product names, common names, trade names, product descriptions etc. even without a particular marking in this work is in no way to be construed to mean that such names may be regarded as unrestricted in respect of trademark and brand protection legislation and could thus be used by anyone.

Cover image: www.ingimage.com

This book is a translation from the original published under ISBN 978-3-659-74851-6.

Publisher:
Sciencia Scripts
is a trademark of
Dodo Books Indian Ocean Ltd. and OmniScriptum S.R.L publishing group

120 High Road, East Finchley, London, N2 9ED, United Kingdom
Str. Armeneasca 28/1, office 1, Chisinau MD-2012, Republic of Moldova, Europe
Printed at: see last page
ISBN: 978-620-7-73085-8

Gizachew Delilo

SINCRONIZAÇÃO DO CIO E GESTÃO EM BOVINOS NOS TRÓPICOS:

Situação atual e estratégias futuras em países em desenvolvimento como a Etiópia em África e nos trópicos

ÍNDICE DE CONTEÚDOS

Capítulo 1	**5**
Capítulo 2	**8**
Capítulo 3	**25**
Capítulo 4	**41**
Capítulo 5	**54**
Capítulo 6	**58**

ACRÓNIMOS E ABREVIATURAS

AI	Artificial Insemination
ASDP	American Dairy Society
CASA	Center of Agricultural Statistical Agency
CL	Corpusluteum
CSA	Center of Statistical Agency
CIDR	Controlled internal Drug Insert
EC	Estrous Cycle
ET	Embryo Transfer
ES	Estrous Synchronization
FAO	Food & Agricultural Organization of the United Nation
FSH	Follicular Stimulating Hormone
GnRH	Gonadothropice Hormones
ILRI	International Livestock Research Institute
LH	Luteinizing Hormone
MGA	Melengesteron Acetate
PGF2α	Prostaglandin F2alpha
PD	Pregnancy Diagnosis
P4	Progesterone Hormone
WHO	World Health Organization
TAI	Timed Artificial Insemination

SINCRONIZAÇÃO E GESTÃO DO ESTRUTO EM BOVINOS: Situação atual e estratégias futuras

RESUMO

Os resultados da investigação indicaram que os Programas de Sincronização de Cios (PES) são uma ferramenta de gestão reprodutiva de rotina para os produtores de gado para: encurtar a época de reprodução e de partos, criar uniformidade nas colheitas de vitelos, aumentar a eficiência da utilização de recursos, eliminar o problema da deteção de cios e permitir ao gestor do efetivo programar as actividades de reprodução num período pré-determinado com uma duração de 1-12 dias. As ESP continuam a ser as tecnologias reprodutivas mais importantes disponíveis para as explorações pecuárias, facilitando sobretudo a transferência de embriões. As ESPs em bovinos, especialmente os protocolos recentes que envolvem o uso de GnRH, a partir de uma série de estudos que utilizam o protocolo Ovsynch, apresentaram taxas médias de conceção e gravidez de 34,9 e 37,9%, respetivamente. De um modo geral, conclui-se que um programa bem planeado deverá ter 50-60% das vacas em ciclo prenhes na primeira cobrição/parição após a sincronização, e 80-90% prenhes numa época de reprodução de 30 dias. Recomenda-se que todas as ESPs exijam uma boa alimentação e maneio, vacas com ciclos estrais regulares e >BCS-4.

Palavras-chave: Bovinos, Hormonas, Sincronização do Cio, Cio-e-Ovulação, e Maneio.

INTRODUÇÃO

O crescimento projetado do rendimento, da população humana e da urbanização nos países em desenvolvimento sugere que a futura procura de leite e carne nestes países irá aumentar substancialmente. Até 2050, prevê-se que a procura global de produtos lácteos e de carne aumente 74% e 58%, respetivamente, e que a sua maior parte provenha dos países em desenvolvimento (FAO, 2012). A população mundial de bovinos em 2000 era de 1,5 mil milhões, e será de 2,7 mil milhões em 2050 (OMS, 2011). No entanto, a eficiência reprodutiva do gado (principal fator limitante da eficiência da produção de gado) continua a ser tradicional, principalmente devido a: controlo da reprodução animal e escassez de alimentos (Azage *et al.*, 2011). Assim, estudos relataram que a falha reprodutiva é uma das principais fontes de perda económica na indústria pecuária, que ocorre quando uma vaca não fica grávida durante uma época de reprodução definida (Troxel, 2012). Da mesma forma, Stevenson *et al.* (2008) relataram que a maior perda da potencial colheita de vitelos ocorre porque as vacas não conseguem engravidar devido a um anestro e infertilidade pós-parto. Para o efeito, podem ser aplicadas várias tecnologias reprodutivas.

A reprodução é um dos factores mais importantes que determinam a rentabilidade da produção pecuária, quer se trate de animais para produção de leite ou de carne (por exemplo, Gordon, 2002). Se uma vaca reprodutora não apresenta uma atividade reprodutiva cíclica regular, não engravida no momento oportuno e não dá à luz um vitelo vivo e saudável todos os anos, as suas outras excelentes qualidades podem ser de pouca utilidade. Embora ainda exista uma ampla margem para aumentar a eficiência reprodutiva através de ajustamentos nos métodos tradicionais de criação, alimentação e maneio, continua a existir a possibilidade de melhorias valiosas na eficiência biológica e económica dos bovinos poderem resultar da aplicação adequada de técnicas de reprodução controlada (Ball e Peters, 2004). O desafio dos próximos anos na pecuária será implementar as tecnologias mais amplamente existentes, incluindo a tecnologia de reprodução controlada, ao mesmo tempo que se tem cada vez mais em conta os aspectos ambientais e de bem-estar dos sistemas de produção de gado (Archebal, 2011). Por exemplo, o programa de sincronização do cio é a técnica mais útil e venerável.

A sincronização do cio (ES) é um método estudado há 40 anos para controlar a eficiência reprodutiva do gado (Troxel, 2012; Stevenson *et al.,* 2008). O seu objetivo é manipular o ciclo estral de um rebanho para permitir o aumento da eficiência da produção de um rebanho através da obtenção de épocas de reprodução e de parto mais curtas, o que permite uma menor necessidade de mão de obra ao longo do ano (Looney *et al.,* 2005) e um aumento da percentagem de vitelos do rebanho no início da época, juntamente com o possível controlo de vacas em anestro (Sprott & Carpenter, 2007). A ES também permite o controlo de doenças entre os efectivos e o melhoramento genético através da utilização de IA/ET (Stevenson *et al.,* 2008). No entanto, os produtores de gado não estão habituados a aplicar estes produtos e protocolos actuais e aplicáveis, provavelmente devido à escassez de conhecimentos científicos fiáveis, particularmente em países como a Etiópia (Stevenson *et al.,* 2008). Este artigo é, portanto, uma revisão estudada com os seguintes objectivos.

1.1. Objectivos principais

O principal objetivo da presente análise é o seguinte

- Transferir os conhecimentos e competências actuais explorados sobre as tecnologias recentes aplicáveis ao controlo da reprodução dos bovinos e ao aumento da sua produtividade.

- Transmitir as direcções de gestão que devem ser seguidas para a implementação do programa de sincronização do cio para que a sincronização do cio seja bem sucedida.

1.2. Objectivos específicos

Os objectivos **específicos** desta análise são os seguintes

+ Controlar a reprodução dos bovinos para obter uma maior percentagem de gémeos/vacas num curto período de tempo, utilizando a IA ou a cobrição natural.
+ Aumentar a produtividade do gado através da aplicação das tecnologias de reprodução.
+ Promover a rentabilidade dos criadores e/ou produtores de gado leiteiro ou de carne.

+ Atenuar o problema da subnutrição do ser humano causada pela ingestão de proteínas.

Para que o Programa de Sincronização do Cio seja bem sucedido, é muito importante compreender os fundamentos da anatomia e fisiologia reprodutivas dos animais. Do mesmo modo, Troxel (2012), Gordon (2002) e outros estudos relacionados com o controlo da reprodução de bovinos declararam que uma ESP bem sucedida necessita de uma imagem clara do ciclo estral e da endocrinologia, tal como se descreve sucintamente no capítulo seguinte.

2. ANATOMIA E FISIOLOGIA REPRODUTIVA DA VACA

A reprodução é o processo de réplica ou perpetuação da vida da vaca e, por isso, é o principal fator limitante da eficiência produtiva dos bovinos (Looney *et al.*, 2005). É muito necessário analisar a anatomia e a fisiologia reprodutivas da vaca para que a inseminação artificial seja praticada corretamente e para que a ES seja bem sucedida. Do mesmo modo, reprodução é o termo que compreende os tratos reprodutivos (vulva-vagina, útero (cérvix, corpo do útero e corno do útero), ovidutos e ovários "Fig. 1"), a anatomia e a sua função normal (fisiologia) da vaca (Ball e Peters, 2004), tal como se descreve sucintamente na secção seguinte.

2.1. Anatomia reprodutiva

O sistema reprodutor feminino é composto por vários órgãos, como mostra a Fig.1, com funções específicas; cada um deles foi discutido da parte mais externa para a parte interna.

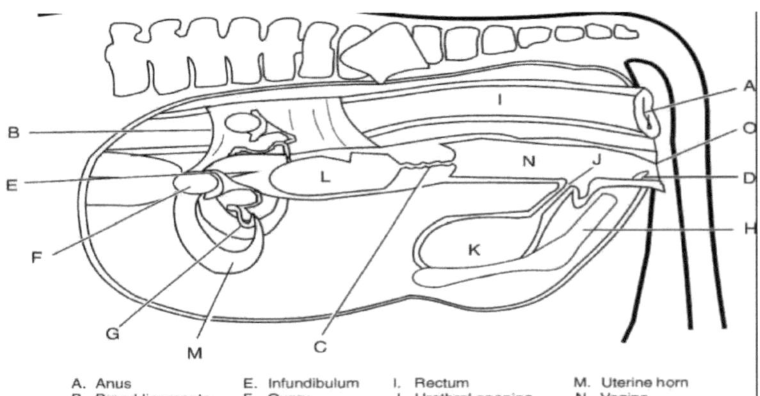

Fig. 1. Tratos reprodutivos ou estrutura da vaca (Fonte: House, 2011) No entanto, a condição/tamanho desses órgãos mudará drasticamente dependendo do EC, gestação, parto, nutrição, etc. Por conseguinte, é importante não só conhecer a anatomia, mas também conhecer o estado de cada vaca.

*Desenvolvimento do folículo: Folículo Primordial → Folículo Primário → Folículo **Secundário** → Folículo Terciário→ Folículo Graafiano.

Embora esta ilustração tenha sido simplificada, antes de alguém começar a inseminar, a fazer exame rectal ou a tratar as doenças reprodutivas, a anatomia do aparelho reprodutor deve ser bem compreendida.

Por exemplo, quando se passa um instrumento através da vagina, deve dirigir-se o dispositivo para cima. Caso contrário, o dispositivo direcionado para baixo pode ser introduzido na bexiga ou na bolsa cega. As estruturas importantes do ovário são os "folículos" e o "corpo lúteo". Ambas alteram as suas condições de acordo com o ciclo estral. Em especial, existem muitas e variáveis fases de desenvolvimento dos folículos que coexistem, descritas mais detalhadamente na secção seguinte. Um aspeto importante a ter em conta é que as características de um ovário mudam em função do ciclo estral. Os pormenores desta situação são abordados na secção de fisiologia reprodutiva.

2.1.1. Estruturas macro-reprodutivas da vaca

A vulva:

Vulva - a parte externa do aparelho reprodutor feminino que serve para proteger o sistema interno de infecções, para receber inicialmente o pénis durante a cópula e para servir de passagem para a urina.

O Clítoris:

Um órgão erétil sensorial do sistema reprodutor feminino localizado no interior da vulva.

A vagina:

A Vagina é referida como uma estrutura reprodutiva que serve de recetáculo para o pénis durante a cópula e de canal de parto no parto; serve também de passagem para a expulsão de resíduos líquidos, uma vez que a uretra une a bexiga à vagina antes da abertura na vulva.

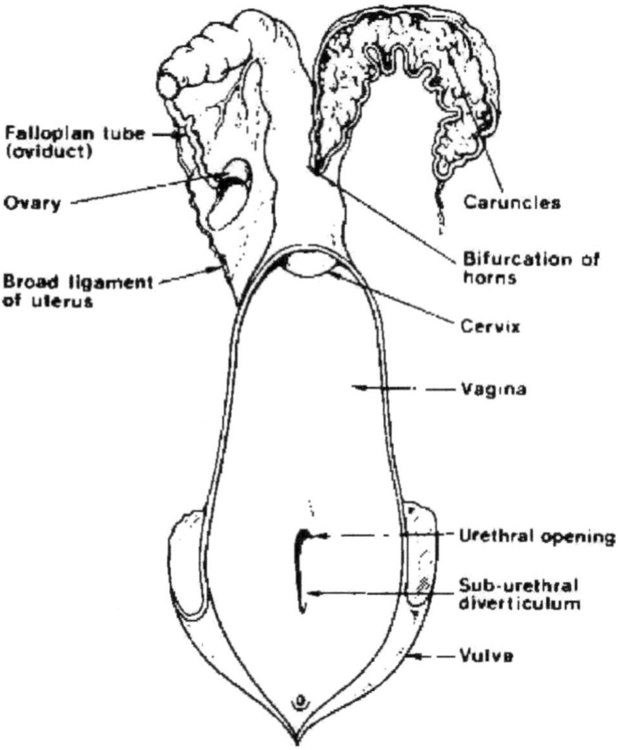

Fig. 2. Vista dorsal do trato reprodutor da vaca (Fonte: Ball e Peters, 2004)

A parede vaginal é dura e elástica e o revestimento ou epitélio muda consoante a fase do ciclo estral. As células próximas do colo do útero produzem muco e estão particularmente activas na altura do cio.

O colo do útero:

O colo do útero é uma massa de tecido conjuntivo de paredes espessas com uma pequena abertura em forma de tubo que forma uma barreira entre a vagina e o útero. Serve de passagem para o sémen durante a cópula. O seu comprimento varia de 2-3 cm na novilha a 10 cm na vaca adulta e tem uma parede fibrosa muito espessa. Contém também glândulas que segregam uma substância semelhante a cera que sela o útero durante a gravidez e entre os períodos de cio para o proteger de infecções, doenças ou corpos estranhos. O lúmen ou canal cervical é enrolado e normalmente bem fechado, exceto no parto, embora também se dilate ligeiramente no cio. Um tampão de muco acastanhado espesso está normalmente presente no canal durante a fase lútea do ciclo e durante a gravidez.

O útero:

O útero é um órgão muscular oco constituído por um corpo curto e dois cornos relativamente longos. Assim, quando endireitado, o trato tem a forma de Y, embora em vida os cornos uterinos se curvem para baixo e lateralmente (Figs. 1 e 2) (Ball & Peters, 2004). O seu tamanho depende de factores como a idade e a paridade, mas o corpo tem aproximadamente 5 cm de comprimento e os cornos têm 20-40 cm de comprimento em vacas não grávidas, afinando na extremidade do ovário. O útero está suspenso na cavidade pélvica pelos ligamentos largos (meso-métrio) de cada lado. Estes ligamentos asseguram igualmente o fornecimento de sangue e de nervos ao trato. O sangue é fornecido ao trato pelas artérias utero-ovarianas e uterinas (Ball & Peters, 2004).

A parede uterina é constituída por três camadas: o revestimento interno (endométrio); uma camada muscular (mio-métrio); e a camada exterior (serosa). O endométrio ou mucosa é constituído principalmente por epitélio glandular e tem cerca de 120 zonas especializadas em relevo, conhecidas como "carúnculas" (Fig. 2). Estas são as características do útero nos ruminantes e são os pontos de fixação da placenta durante a gravidez (Ball e Peters, 2004).

As Ovidutas (trompas de Falópio):

Estes servem para transportar óvulos ou ovos não fertilizados do ovário para o útero e seguem um percurso convoluto através de uma secção do ligamento largo (mesossalpinge). O oviduto é composto por três segmentos (Fig. 2). O istmo estreito estende-se da extremidade do corno uterino por cerca de metade do comprimento do oviduto; a ampola é uma secção ligeiramente mais larga que acaba por se abrir na cavidade peritoneal através da terceira porção em forma de funil ou infundíbulo. A ampola é uma secção ligeiramente mais larga, que acaba por se abrir na cavidade peritoneal através da terceira porção, semelhante a um funil, ou infundíbulo.

Os ovários:

Ovários - estruturas emparelhadas que produzem óvulos (ova) e as hormonas reprodutoras femininas, estrogénio e progesterona.

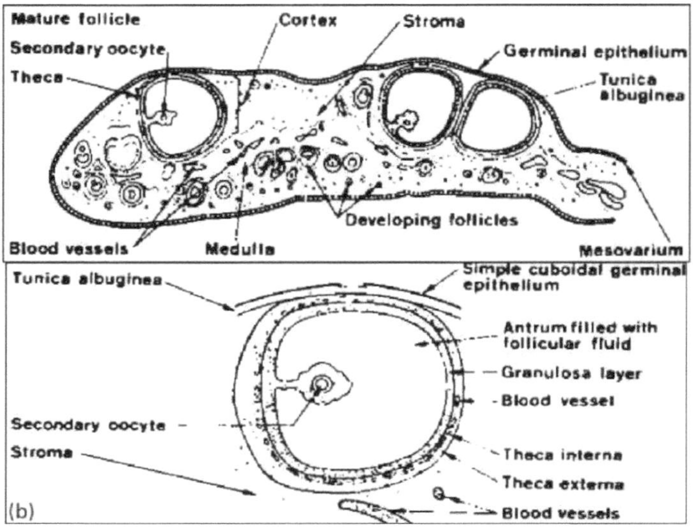

2.1.2. Microestrutura e função

A oogénese refere-se ao processo de produção de óvulos nos folículos ováricos. As células oogónias desenvolvem-se nos ovários do feto e amadurecem em ovócitos até ao nascimento. Apenas uma pequena proporção de oócitos se desenvolve em óvulos ou atinge a ovulação.

- ***Folículo*** - uma massa semelhante a uma bolha na superfície do ovário que contém um óvulo em desenvolvimento e produz e armazena estrogénio.
- O folículo segrega estrogénio como um sinal para o resto do aparelho reprodutor para se preparar para a ovulação (libertação do óvulo de um folículo maduro).
- ***Corpus hemorrhagicum*** - uma pequena hemorragia ou área coagulada de sangue que se desenvolve no local de um folículo rompido e dura 2 a 3 dias.
- ***Corpus lúteo (CL)*** - um corpo amarelo de células que se desenvolve no lugar do corpo hemorrágico e produz progesterona.
- ***Progesterona*** - a hormona sexual feminina que tem como função preparar o sistema reprodutor feminino para a gravidez; é produzida pelo CL e dura cerca de doze dias, a

menos que o óvulo seja fertilizado.

- ***Corpus albicans*** - um corpo branco do tecido conjuntivo que se forma como resultado da degeneração e reabsorção do tecido luteal.

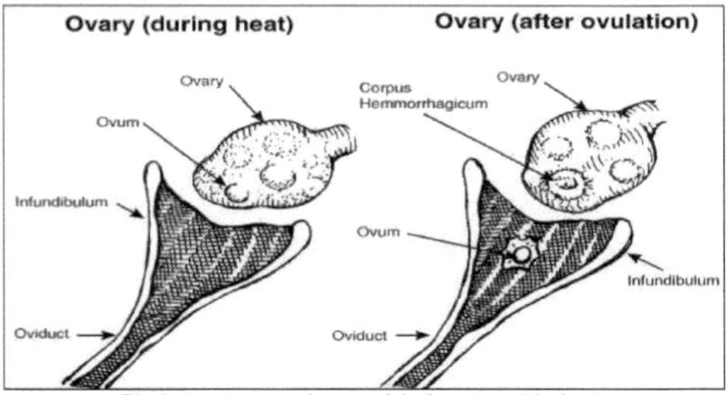

Fig. 3: As estruturas de um ovário durante o ciclo do cio

Antes de compreender a fisiologia da reprodução, é importante saber que existem muitas etapas e muitos factores que afectam a reprodução. Naturalmente, o objetivo final da reprodução é "obter um vitelo saudável".

2.2. Fisiologia Reprodutiva Básica

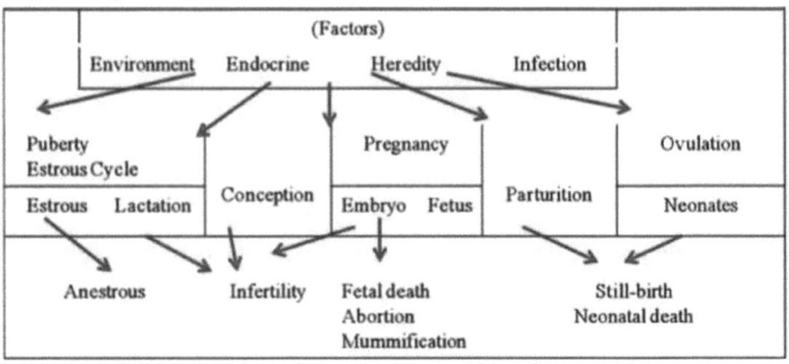

Fig. 4. Processo reprodutivo e factores com efeito sobre a reprodução

No entanto, uma série de estudos indicou que os processos reprodutivos consistem em muitos factores (Fig. 5), como o ambiente, o sistema endócrino, a hereditariedade e a infeção, que podem afetar todos os processos de eficiência reprodutiva (Troxel, 2012; Stevenson *et al.*, 2008). A fisiologia reprodutiva básica da vaca é descrita nas secções que se seguem.

2.2.1. Puberdade

A puberdade é definida como o processo/tempo em que os animais jovens se tornam sexualmente maduros e capazes de se reproduzir. No caso dos bovinos, o início da primeira ovulação é considerado como o momento da puberdade. Uma novilha Holstein bem desenvolvida apresenta a puberdade aos 10-12 meses de idade (Fig. 6) (Stevenson *et al.,* 2008).

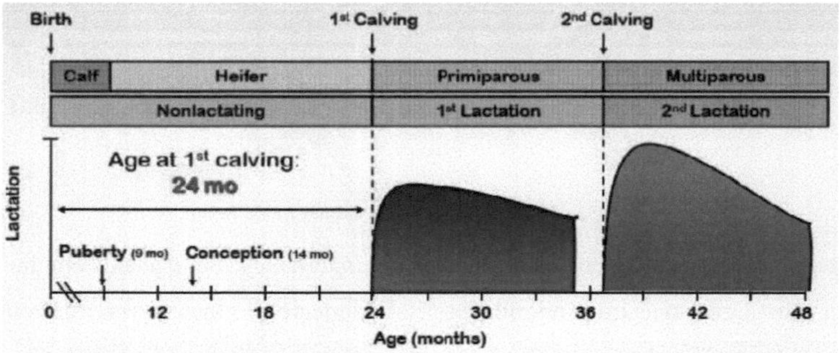

Fig. 5. Fases de desenvolvimento da novilha e idade ao 1st parto = 24 meses (Fonte: Fricke, 2008)

O parto de novilhas com 23 a 24 meses de idade é ótimo para a produção de leite na primeira lactação. Embora as novilhas possam parir aos 19-21 meses de idade, podem sofrer distócias e perturbações metabólicas (Fricke, 2008). No entanto, o momento da primeira inseminação deve ser decidido de acordo com o seu crescimento corporal (Troxel, 2012). Uma gravidez demasiado precoce causará distocia no momento do parto, devido à estreiteza do canal de parto (Tierzucht, 2013). Fricke (2008) indica que a redução da idade ao primeiro parto reduz o período de não lactação, mas resulta num desenvolvimento mamário deficiente e na redução da produção de leite subsequente.

No Japão, a norma recomendada para a primeira inseminação é o peso corporal de 350 kg em vacas Holstein puras (Umemura *et al.,* 1992). Se a novilha atingir este peso corporal aos 15 meses de idade e estiver grávida (ver Fig. 7), podemos respeitar o primeiro parto aos 2 anos (24 meses) de idade (Stevenson *et al.,* 2008).

2.2.2. Ciclo estral e eventos associados na vaca

O cio, que se refere a uma vaca/novilha em cio ou prestes a ser montada, é o ciclo de 21 dias entre um cio e o seguinte. O CE médio, de um cio para o seguinte, é de 21 dias na vaca e 20 nas novilhas (Fig. 7), com um intervalo normal de 18 a 24 dias (Bulbul, 2013). O ciclo começa no dia 1, quando o óvulo é ovulado a partir de um folículo no ovário. O óvulo passa para o oviduto onde, se houver espermatozóides viáveis do touro, é fertilizado e passa para o útero. Independentemente de o óvulo ser fertilizado, aproximadamente no dia 5 (Tabela 2), o local da ovulação no ovário desenvolve-se num CL, que segrega a hormona progesterona no sangue da vaca, durante o qual a vaca não entra em cio (por exemplo, Tierzucht, 2013).

Fig. 6. Diagrama esquemático da vida reprodutiva da vaca
(http://www.vivo.colostate.edu/hbooks/pathphys/reprod/semeneval/bull.html)

2.2.3. Fases do ciclo estral

O ciclo estral (CE) é composto por quatro fases: *i) Estro* - período em que a fêmea está recetiva ao macho e aceita o acasalamento; *ii) Metestro* - segue-se ao estro; quando o corpo lúteo (Cl) (glândula secretora de hormonas) se forma no local onde o ovo foi libertado do ovário. A ovulação ocorre normalmente nesta altura; *iii)* Diestro - segue-se ao estro; período em que o corpo lúteo está funcional. As hormonas libertadas estimulam a preparação do útero para a gravidez; e *iv) Proestro - segue-se* ao diestro; crescimento rápido dos folículos para preparar a ovulação seguinte (Stevenson *et al.,* 2008).

Tabela 1. Resumo das quatro fases do ciclo estral na vaca

Stage	Cycle day	Duration	Event
Oestrous	0	10-12 hrs	Mature follicle, high level estrogen LH Surge
Metestrous	1-3	5-7 days	Ovulation (Within 12-18 hours) Formation of CL no response to Prostaglandin
Diestrous	5-18	10-15 days	Mature CL high level progesterone
Proestrous	19-21	3 days	CL regressing Maturing follicle rising estrogen

2.2.4. Estro e técnicas de deteção

É provavelmente verdade que o problema mais importante enfrentado pela indústria de IA de bovinos desde o seu início é a deteção do estro, que é essencial para que a IA seja aplicada com êxito em efectivos leiteiros e de bovinos, mas os métodos habitualmente utilizados na deteção permaneceram em grande parte inalterados ao longo dos 80 anos ou mais em que a técnica de reprodução tem sido utilizada (Bulbul, 2013).

Da mesma forma, ainda é possível manter um bom desempenho reprodutivo em bovinos sem ES, mas isso requer um bom programa de deteção de cio (Wiltbank, 2002). Infelizmente, a manutenção de um programa de deteção de cio eficiente e de pessoal de deteção de cio de qualidade pode ser um desafio interminável nos actuais rebanhos em expansão *(ADA,* 2008). À medida que a precisão e a eficiência da deteção do cio diminuem, o valor da incorporação da ES no programa de gestão reprodutiva aumenta proporcionalmente (Tierzucht, 2013). Isto é evidente; compreender as características do estro é muito importante (Bulbul, 2013).

2.2.5. Características do Estro

A vaca que está em estro fica de pé quando é montada por trás pelo touro ou por uma vaca companheira. Ela indica a sua vontade de ficar de pé através da imobilidade quando é abordada e de um ligeiro arqueamento das costas (por exemplo, Fricke, 2008). Uma vaca em cio tentará montar outras vacas mas, a menos que elas próprias estejam em cio, afastar-se-ão. Excepções a isto podem ocorrer quando a vaca montada está presa por obstáculos e não se pode mover livremente (Rhodes, 2003; Burton & Jolly, 2000). Por vezes, uma vaca monta um animal de companhia pela frente (montagem pela cabeça) e, nesta situação, é a vaca que monta que está em cio e não a que está por baixo. Alguns trabalhadores referem que o interesse do touro por vacas em estro pode começar cerca de 4 dias antes do estro e é caracterizado por um aumento do comportamento olfativo e gustativo não exibido pelas companheiras. French *et al.* (1989) sugeriram que os touros podem prever o início iminente do cio a partir de sinais olfactivos/gustativos produzidos por vacas em cio. A importância relativa da visão e do olfato para a deteção do cio por parte dos touros foi examinada num estudo relatado por Geary & Reeves (1999). Estes autores concluíram que, quando o contacto físico é negado, os touros utilizam a observação visual do comportamento homossexual da fêmea como principal indicador de cio e que o olfato, por si só, não fornece estímulos suficientes para os touros distinguirem entre animais em cio e animais em diestro *(ADA,* 2008).

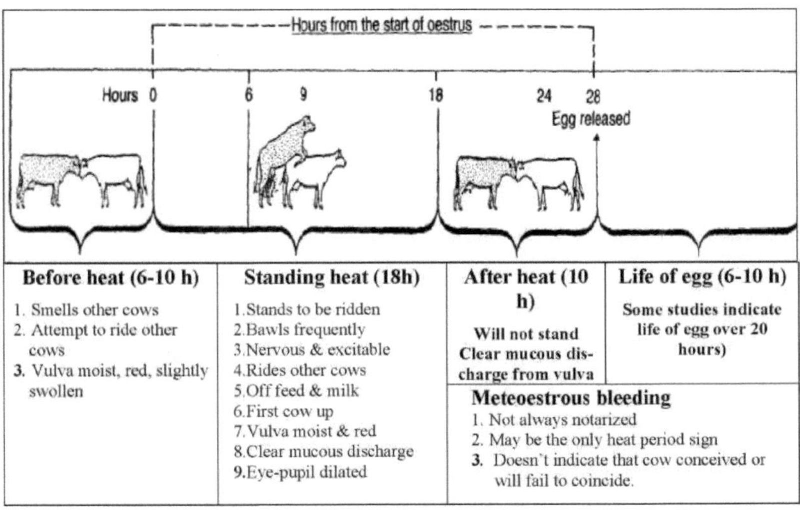

Before heat (6-10 h)	Standing heat (18h)	After heat (10 h)	Life of egg (6-10 h)
1. Smells other cows 2. Attempt to ride other cows 3. Vulva moist, red, slightly swollen	1.Stands to be ridden 2.Bawls frequently 3.Nervous & excitable 4.Rides other cows 5.Off feed & milk 6.First cow up 7.Vulva moist & red 8.Clear mucous discharge 9.Eye-pupil dilated	**Will not stand** **Clear mucous discharge from vulva**	**Some studies indicate life of egg over 20 hours)**
		Meteoestrous bleeding 1. Not always notarized 2. May be the only heat period sign 3. Doesn't indicate that cow conceived or will fail to coincide.	

Fig. 7. Estro e sinais associados na vaca (Fonte: ADA, 2008)

É de esperar que as vacas que estão em cio apresentem uma série de sinais, incluindo: descarga de muco claro da vulva; levantar a cauda e mudar de posição; lamber, cheirar e esfregar-se contra outros bovinos; inchaço e vermelhidão da vulva; gritos frequentes; inquietação geral e atenção às actividades dos outros bovinos e dos seres humanos; agitação dos pêlos da alcatra e ligeira abrasão da pele da alcatra em consequência de terem sido montadas; e, frequentemente, uma diminuição temporária da produção de leite (Fig. 8).

São conhecidos muitos factores que influenciam o estro e a atividade de monta nas vacas. As vacas apresentam uma maior atividade de monta (Fig. 8) em tempo frio do que em tempo quente; neste último caso, as vacas interagem mais por fricção e lambidelas do que as vacas em tempo frio (Tierzucht, 2013). Além disso, vários factores podem resultar na falha do estro em bovinos.

2.2.4. Factores de insucesso da deteção do estro

O estudo de Troxel (2012) e outros indicaram a presença de evidências de que uma vaca normal pode não ter os seus sintomas de estro (Fig. 8) detectados devido a factores como o clima inclemente, a dominação por outros bovinos ou a falta de interesse por parte de outras vacas, especialmente se nenhuma delas estiver nas proximidades no momento ou perto da ocorrência do estro. As vacas companheiras que se aproximam do cio ou que estão em cio montam as vacas em cio com uma frequência muito maior do que as vacas companheiras que saíram do cio ou que estão na fase lútea do ciclo (Gordon, 2002). Mesmo a superfície do solo (por exemplo, betão versus terra) pode ser um fator que encurta significativamente o período de cio (Fricke, 2008) e que afecta o comportamento sexual das vacas.

Entre os bovinos leiteiros, a IA tem sido utilizada em menor escala entre as novilhas de substituição, porque se trata de um grupo de fêmeas que geralmente não está sob a observação atenta necessária para uma deteção bem sucedida do cio (Bulbul, 2013). Anteriormente, chamou-se a atenção para o facto de a IA não ter sido aplicada em grande medida em bovinos de carne devido a problemas na deteção do cio; esta é uma das razões para a taxa mais lenta de melhoria da reprodução nestes animais em comparação com os bovinos leiteiros (Tierzucht, 2013). Embora exista atualmente uma grande quantidade de informação publicada sobre técnicas de deteção de cios, o facto é que a deteção envolve tempo e despesas, independentemente da abordagem escolhida (Fricke, 2008).

Existem mesmo relatórios da Índia que sugerem a relação entre as fases da lua e o comportamento do estro nos bovinos (Subramaniam *et al.*, 1991); isto com base em informações que mostram uma forte correlação positiva entre a lua nova, a lua cheia e o número de vacas apresentadas para IA (em estro?). Como já foi referido, a deteção exacta do estro, a fim de obter o intervalo pós-parto ideal para a reprodução, continua a ser um problema importante na produção leiteira.

2.2.5. Regulação hormonal do ciclo reprodutivo

A compreensão dos mecanismos envolvidos no controlo do ciclo estral da vaca (CE) foi influenciada por uma série de descobertas importantes feitas desde 1950 (Tierzucht, 2013). Do mesmo modo, vários estudos concluíram que duas das mais importantes foram a descoberta e o desenvolvimento do conceito de recetor hormonal e a descoberta de que o hipotálamo e o cérebro regulam a secreção de hormonas da pituitária anterior através de vários pequenos péptidos de origem neurosecretora (Archbald *et al.,* 2012), como se mostra na Fig. 8.

Um destes péptidos hipotalâmicos é a *GnRH* (Bulbul, 2013), que se sabe agora que provoca a libertação de *LH* e *FSH* da pituitária anterior (ver Fig. 9 e 10). É indicado que as hormonas hipofisárias são responsáveis pela libertação e função das hormonas esteróides que regulam o período de *EC* na vaca (Bulbul, 2013).

É importante conhecer as funções das hormonas esteróides, Estrogénio e Progesterona, que são alteradas de acordo com o CE e têm efeitos directos nos órgãos reprodutores e no comportamento sexual da fêmea (Archbald, *et al.,* 2012). Durante o CE, o nível de progesterona apresenta uma diminuição drástica por volta da altura do cio, enquanto o nível de estrogénio apresenta alterações ondulatórias (Fig. 10) (El-Zarkouny *et al.,* 2004) devido à "Onda Folicular", explicada na secção.

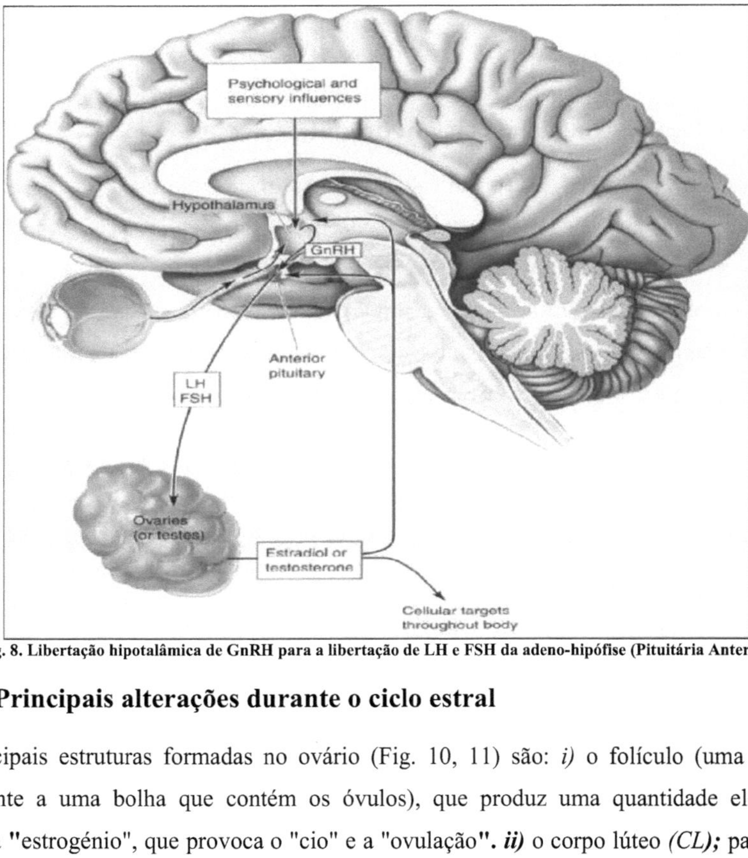

Fig. 8. Libertação hipotalâmica de GnRH para a libertação de LH e FSH da adeno-hipófise (Pituitária Anterior)

2.2.6. Principais alterações durante o ciclo estral

As principais estruturas formadas no ovário (Fig. 10, 11) são: *i)* o folículo (uma estrutura semelhante a uma bolha que contém os óvulos), que produz uma quantidade elevada da hormona "estrogénio", que provoca o "cio" e a "ovulação". ***ii)*** o corpo lúteo ***(CL);*** parece uma estrutura amarela dura que produz a hormona progesterona, que é responsável pela manutenção da gravidez (Chenault *et al.*, 2011).

Durante a *CE,* o desenvolvimento folicular ocorre como um padrão ondulatório que consiste nas fases de "Recrutamento, Seleção, Crescimento, Dominância e Regressão" (Fig. 10). Normalmente, ocorrem 2 a 4 ondas foliculares durante o CE em bovinos (Fig. 9) (Barr, 2005).

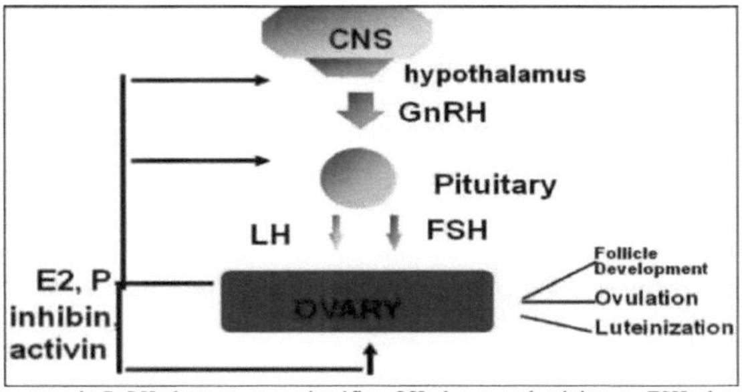

Onde, *CNS*= sistema nervoso central; *GnRH*= hormona gonadotrófica; *LH*= hormona luteinizante; *FSH*= *hormona folículo-estimulante; E2= hormona estradiol; P= hormona progesterona.*

Fig. 9. Regulação neuronal do desenvolvimento folicular e da ovulação durante a CE

As diferentes interacções e eventos hormonais que ocorrem durante a *CE,* envolvendo a *GnRH (FSH, LH* e prolactina) (ver Fig. 10), as hormonas esteróides ováricas (estradiol, progesterona, inibina) e a prostaglandina F2-alfa *(PGF),* de origem uterina, são mostradas de forma esquemática na secção de endocrinologia.

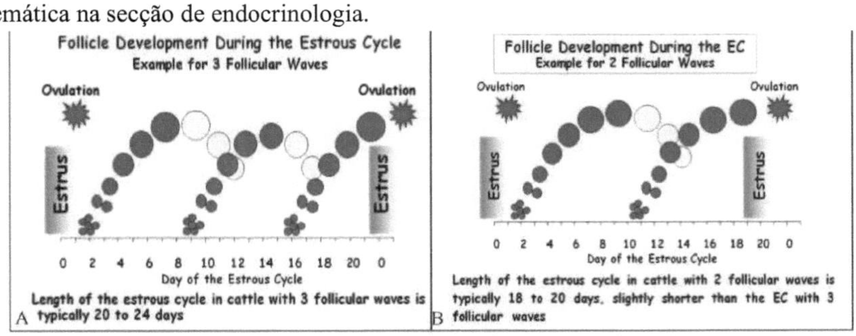

Fig 10: Ondas de desenvolvimento folicular durante o ciclo estral

O controlo da função ovárica foi revisto por vários autores, nomeadamente Archbald *et al.* (2012) e Chenault *et al.* (2011). No período anterior ao estro (prooestro) (Tabela 1), as gonadotrofinas induzem a maturação final do folículo pré-ovulatório, resultando num aumento da secreção de estradiol; este estrogénio, na ausência relativa de progesterona, actua em receptores no cérebro para induzir a recetividade sexual e desencadeia a libertação de *LH* (Rhodes, 2003). *A FSH* precede o recrutamento de folículos (faz com que os folículos comecem a crescer) e é também utilizada para a super-ovulação e a *TE* em bovinos (Archbald *et al.,* 2012). Os níveis circulatórios das hormonas tiroideias triiodotironina *(T3)* e tiroxina *(T4)* durante a *EC* também foram examinados (Looney *et al.,* 2005).

2.2.9. Endocrinologia durante o ciclo estral

O conhecimento da endocrinologia durante a *CE* é crucial para o controlo da reprodução nos bovinos. Alguns destes fenómenos durante a CE são apresentados a seguir. O corpo lúteo (CL) desenvolve-se a partir do folículo ovulado e demora cerca de 10 dias a atingir o tamanho maduro, produzindo progesterona para a manutenção da gravidez após a conceção. No final do ciclo estral, o útero produz *PG* que provoca a regressão do *CL. A PG* é a mesma hormona ou uma hormona semelhante em "Luta- lyse®", "Estrumate®", "ProstaMate®" e "In Synch®"

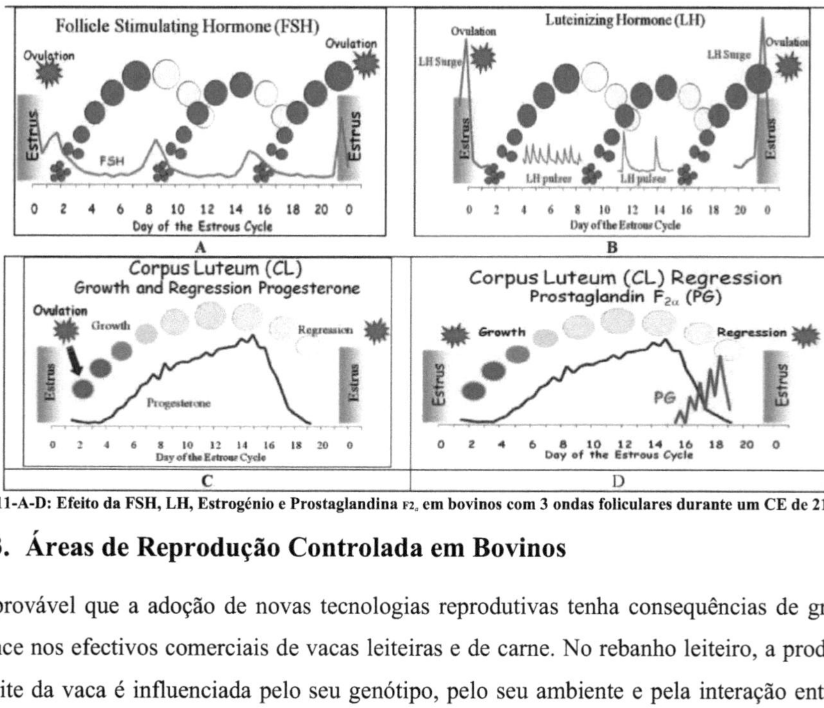

Fig. 11-A-D: Efeito da FSH, LH, Estrogénio e Prostaglandina $F_{2\alpha}$ em bovinos com 3 ondas foliculares durante um CE de 21 dias

2.3. Áreas de Reprodução Controlada em Bovinos

É provável que a adoção de novas tecnologias reprodutivas tenha consequências de grande alcance nos efectivos comerciais de vacas leiteiras e de carne. No rebanho leiteiro, a produção de leite da vaca é influenciada pelo seu genótipo, pelo seu ambiente e pela interação entre os dois (Looney *et al.,* 2005). Embora os factores ambientais possam ser manipulados de várias formas, o genótipo da vaca é determinado apenas pela composição genética dos seus progenitores (Gordon, 2002). Por esta razão, a reprodução desempenha um papel crucial na determinação do progresso genético que pode ser feito dentro da empresa de gado leiteiro (Feriche, 2008; Stevenson *et al.,* 2008).

2.3.1. Tecnologias da reprodução

De acordo com Gordon (2009), as tecnologias reprodutivas atualmente aplicáveis aos bovinos foram amplamente classificadas entre as que requerem um contributo técnico baixo, médio ou elevado. Uma série de estudos sugeriu que a categoria de baixa tecnologia inclui opções como: idade da primeira parição, raça/cruzamento ou estirpe da vaca, altura do parto e diagnóstico de gravidez. A tecnologia média inclui opções como a sincronização do estro. As opções de alta tecnologia incluem a gemelaridade, o controlo do sexo dos vitelos à nascença e a clonagem (Troxel, 2012).

2.3.2. Controlo da reprodução

O controlo e a manipulação da reprodução em vacas abrangem várias possibilidades, tal como resumido na Fig. 10, e algumas delas, atualmente mais aplicáveis, são discutidas em pormenor em partes posteriores deste livro.

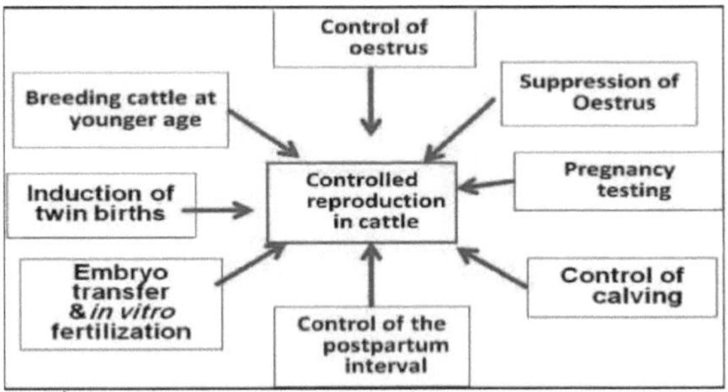

Fig. 12. Áreas de reprodução controlada em bovinos (Adaptado de Gordon, 2002).

Cada uma destas possibilidades já foi desenvolvida até ao ponto em que pode ser aplicada, em certa medida, na prática comercial; os futuros desenvolvimentos e aperfeiçoamentos das técnicas deverão contribuir para tornar todas elas mais valiosas para o agricultor (Barr, 2005; Rhodes, 2003).

De acordo com vários estudos sobre a produção de gado, o controlo do ciclo reprodutivo facilita a reprodução de duas formas importantes: i) reduzindo e, em alguns casos, eliminando o trabalho de deteção de cio e ii) permitindo ao produtor programar a reprodução (Archbald *et al.*, 2012). Se a maioria do rebanho puder ser induzida a exibir o cio mais ou menos ao mesmo tempo, o produtor pode organizar alguns dias de inseminação intensiva. Embora a quantidade total de mão de obra envolvida na inseminação possa não ser reduzida, ela é concentrada num período mais curto (NADA, 2006). Outras vantagens da sincronização do estro foram discutidas nos capítulos seguintes.

3. SINCRONIZAÇÃO DO ESTRO E PRODUTOS UTILIZADOS

3.1. O papel da sincronização do estro

A Sincronização do Cio *(ES),* como o nome indica, é a manipulação do ciclo estral de forma a levar um grupo de fêmeas, em fases aleatórias do ciclo estral, ao cio num momento preciso. A *ES* tem um potencial profundo para: encurtar a época de partos, aumentar a uniformidade dos vitelos, fazer coincidir o período de partos com as estações do ano e a disponibilidade de excedentes alimentares (cereais, forragens e pastagens) e aumentar as possibilidades de utilizar todos os recursos necessários para a produção, incluindo a mão de obra (por exemplo, Stevenson *et al.,* 2008). Também torna *a IA* eficiente para permitir aos produtores a oportunidade de infundir genética superior nas suas operações a custos muito inferiores ao custo de aquisição de um reprodutor de padrões semelhantes (por exemplo, Friche, 2008). Estas ferramentas continuam a ser as mais importantes e amplamente aplicáveis biotecnologias reprodutivas disponíveis para as explorações leiteiras. No entanto, os produtores têm sido lentos a adotar e/ou utilizar estas tecnologias nos seus sistemas de produção (Archbald *et al.,* 2012).

A investigação aumentou drasticamente o número de opções de sincronização. Um produtor tem muitas opções de escolha para adaptar um protocolo de sincronização à sua exploração, aos seus objectivos de produção e à mão de obra disponível. Os programas de sincronização do cio (*ESP*) utilizam uma ou uma combinação de três hormonas: *Prostaglandinas e Progesterona* (Fericke, 2008). A progesterona libertada pelo *CL;* faz com que o trato cesse as contracções; promove e mantém a gravidez; bloqueia a libertação de novas hormonas do cérebro; e o declínio da progesterona torna-se um sinal para iniciar um novo ciclo (Gordon, 2002).

Outra forma de criar a sincronia do estro é através da utilização da hormona *GnRH* ou de um análogo, que provoca a ovulação de um folículo grande. Este produto é vendido sob a designação comercial de Cystorelin®, Fertagyl®, OvaCyst® ou Factrel®. O tratamento com *GnRH* é combinado com prostaglandina F2a, uma vez que estas hormonas têm funções diferentes. A sincronia do cio e a fertilidade com uma combinação de *GnRH* e prostaglandina F2a são boas para fêmeas cíclicas, e alguns estudos indicam que esta combinação pode induzir a ciclicidade em vacas com anestro pós-parto. No entanto, os protocolos que usam apenas *GnRH* e prostaglandina *F2a* não são aconselhados para uso em novilhas de um ano devido à resposta extremamente variável.

Um terceiro método para a *ES* é a utilização de um progestagénio, que manterá níveis elevados de progesterona no sistema da mulher, mesmo após a regressão do *CL*. *A ES* ocorre de 2 a 5 dias após a remoção da progestina. Chenault *et al.* (2011) relataram que os produtos comerciais que se enquadram nesta categoria são o acetato de melengesterol *(MGA)* e o Controlled Internal Drug Release *(CIDR)*. Todos os outros produtos para sincronização são administrados como injecções, mas os progestagénios disponíveis são administrados de forma diferente (Barr, 2005). O *MGA,* adicionado à ração para manter a eficiência alimentar e o consumo de ração do gado de corte, é o único produto de sincronização que é administrado por via oral. *O MGA* é adicionado à ração de modo a que as fêmeas recebam 0,5 mg por cabeça e por dia durante 14 dias. Após a remoção do *MGA* da ração, as fêmeas cíclicas começarão a apresentar cio. A sincronia do cio é boa para as fêmeas cíclicas; no entanto, a fertilidade é fraca imediatamente após a remoção *do MGA* (Lamb *et al.*, 2005). A secção seguinte abordará os meios para manipular os ciclos de cio e a sincronização em bovinos.

3.2. As Prostaglandinas

As prostaglandinas são lípidos constituídos por hidroxiácidos gordos insaturados com 20 carbonos, derivados do ácido araquidónico. A prostaglandina *F2a* *(*PGF_{2a}) é produzida pelo endométrio uterino e é responsável pela luteólise (degradação do *CL)* nos bovinos. O *EC* bovino pode ser dividido em duas fases, a fase folicular e a fase lútea (Frandson, 2002). A fase folicular é caracterizada pelo crescimento folicular que culmina com a seleção de um folículo dominante e a subsequente ovulação. A fase lútea é a fase mais longa do ciclo (aproximadamente 6 a 16 dias do ciclo estral). A fase lútea é caracterizada pelo funcionamento do *CL*, que segrega progesterona. Durante a fase lútea tardia (dias 16-18) do ciclo, a PGF2a é libertada do útero e liga-se ao *CL*, provocando a regressão lútea.

A Prostaglandina *F2a (PGF)* é a hormona base de qualquer protocolo de sincronização. Como na vaca com ciclo natural, *a PGF* leva as vacas ao cio removendo o *CL* e os efeitos inibitórios da progesterona na secreção de *FSH e LH*. No entanto, *a PGF* sozinha tem várias limitações distintas: Primeiro, *a PGF* não é eficaz em animais que não têm um *CL*. Isso inclui novilhas pré-púberes, vacas anestrosas ou fêmeas em ciclo nos primeiros cinco a seis dias do ciclo estral. Em segundo lugar, *a PGF* não tem efeito sobre as ondas foliculares. A variação de vaca para vaca no tamanho do folículo dominante no momento da injeção de *PGF* resulta numa variação considerável no intervalo até ao cio após a injeção de *PGF*. Durante os anos 70, descobriu-se que *a PGF* era luteolítica em bovinos e podia ser utilizada para sincronizar o cio (Lauderdale *et al.*, 1998). Mais tarde foi determinado que *a PGF* tinha uma utilidade limitada na sincronização do cio porque só era eficaz em bovinos que estavam a ciclar e tinham um *CL* (dia 5 a 17 do ciclo). Por conseguinte, as novilhas pré-púberes, as fêmeas anestésicas, as fêmeas nos dias 0 a 4 do ciclo estral e as fêmeas nos últimos dias do ciclo estral após a luteólise não respondiam. Mais tarde, determinou-se que o intervalo entre o tratamento com *PGF* e o cio dependia da fase da onda folicular aquando do tratamento (Troxel, 2012). Os folículos maiores e mais maduros ovularam mais cedo do que os seus homólogos mais pequenos e menos maduros (Gordon, 2002).

Nas fêmeas cíclicas, o cio ocorre entre 2 a 6 dias após a administração de *IMI* de prostaglandina *PGF2a* (Lutalyse®) ou de um dos seus análogos (ProstaMate®, Es- trumate®, estroPLAN®, In-Synch®) (Silva *et al.*, 2007). Lembre-se: As fêmeas anestrosas não respondem às injecções de prostaglandinas. As fêmeas estro-cíclicas podem responder a injecções entre os dias 7 e 16 dos seus ciclos se tiverem um corpo lúteo (*CL*) funcional. O *CL* é uma glândula que se desenvolve no ovário e segrega a hormona progesterona no sangue da vaca. As fêmeas CE nos dias 0 a 6 e 17 a 21 dos seus ciclos não têm CLs funcionais e não respondem às injecções. No entanto, uma fêmea estro-cíclica sem um *CL* funcional responderá às injecções se estas forem administradas numa sequência específica.

Rhodes (2003) Burton e Jolly (2000) e outros estudos observaram que existem quatro protocolos de prostaglandina que estão a ser utilizados para sincronizar o cio em bovinos. Dois destes programas requerem duas injecções de prostaglandina e dois requerem apenas uma injeção.

Vantagens da utilização de progestinas na sincronização do ciclo estral

Diversidade fisiológica das fêmeas a serem sincronizadas: Quando é tomada a decisão de sincronizar o cio num grupo de vacas de carne pós-parto ou novilhas de um ano, estes grupos de fêmeas são tipicamente muito diferentes do ponto de vista fisiológico na altura em que o programa de sincronização é iniciado. Algumas das fêmeas terão começado a ciclar e estarão a mostrar cio, ovulando e desenvolvendo um CL no ovário a cada ~21 dias. Essas fêmeas cíclicas estarão em estágios aleatórios do ciclo estral no primeiro dia da sincronização, e essa variação representa uma das fontes de diversidade do estado fisiológico. Outra parte das fêmeas não estará a ciclar no início do programa de sincronização. Nessas fêmeas anestras, muitas das funções do sistema reprodutivo estão ausentes, sendo a mais notável a falta de cio, ovulação e formação de CL. Quando as fêmeas em anestro ovulam espontaneamente pela primeira vez, o primeiro ciclo tem uma duração anormal na maioria das fêmeas. Em vez de um intervalo de ~21 dias entre a primeira e a segunda ovulação, este intervalo é reduzido para ~10 dias. Este ciclo curto é uma ocorrência normal em mais de 80% das vacas em anestro. Algumas vacas (20-30%) apresentarão cio no início do ciclo curto, no entanto, as vacas que são inseminadas ou acasalam com um touro neste cio não ficarão grávidas. O objetivo do ciclo curto é proporcionar um período de exposição à progesterona antes da primeira ovulação normal. O curto período de pré-exposição à progesterona é necessário para que a próxima ovulação seja seguida de um ciclo estral normal de 21 dias. Estas fêmeas anestrosas representam uma segunda grande fonte de diversidade fisiológica no grupo de fêmeas a sincronizar. O uso de progestinas num sistema de sincronização fornece um meio de lidar com grande parte da variação que é introduzida tanto pelas fêmeas cíclicas como pelas fêmeas anestras, aumentando a probabilidade de que a maioria delas tenha uma ovulação potencialmente fértil durante o período de sincronização.

Benefícios do uso de progestinas em fêmeas cíclicas: Em essencialmente todos os sistemas de sincronização de cio, uma injeção de prostaglandina F2D (PGF) é usada para induzir a regressão do CL para ajudar na sincronização do cio. A principal limitação à utilização de PGF para sincronizar o cio em bovinos é o facto de ser menos eficaz em provocar a regressão do CL em fêmeas que se encontram nas fases iniciais do ciclo estral. Num grupo de fêmeas com ciclos aleatórios, algumas estarão sem dúvida nesta fase do ciclo que não responde no dia em que a

PGF é administrada, a menos que esta variação seja tratada. A este respeito, uma das principais influências das progestinas é o facto de bloquearem a ocorrência de cio e ovulação durante o período em que são administradas. Considere-se um grupo de vacas cíclicas a quem é administrado um progestagénio durante 7 dias. Durante esse período, nenhuma fêmea apresentará cio ou ovulará e, no último dia de tratamento com progestina, não haverá fêmeas nos estágios menos responsivos (dias 0 a 7) do ciclo estral. A injeção de PGF no último dia de tratamento com progestina resultará na regressão do CL em essencialmente todas as fêmeas. Assim, o elevado grau de diversidade na fase do ciclo, que normalmente limitaria a eficácia da PGF para induzir a regressão luteal, é corrigido pela progestina. Esta capacidade dos progestagénios para evitar que as fêmeas apresentem cio numa altura inadequada relativamente ao protocolo de sincronização ou ao período de IA é a principal vantagem da sua utilização em fêmeas cíclicas.

Benefícios da utilização de progestinas em fêmeas em anestro: As fêmeas em anestro geralmente representam a maior parte das fêmeas a serem sincronizadas. Essa proporção varia entre os rebanhos e dentro de um mesmo rebanho de ano para ano. Como não é incomum que 50% (ou mais) das vacas estejam em anestro quando um programa de sincronização é iniciado, é fundamental para o sucesso do programa que os estímulos apropriados sejam fornecidos para induzir o início dos ciclos estrais. Foi estabelecido que a exposição prévia de fêmeas em anestro a um curto período de progesterona é necessária por duas razões. Em primeiro lugar, como mencionado anteriormente, as fêmeas em anestro normalmente fornecem este curto período de pré-exposição através do ciclo curto que se segue à primeira ovulação espontânea. Em fêmeas sincronizadas, é essencial que este ciclo curto seja fornecido no tratamento de sincronização, para garantir que a ovulação sincronizada na qual *a IA* ocorre seja um ciclo estral fértil de duração normal. Em segundo lugar, foi demonstrado que, após o tratamento com progesterona durante pelo menos 5 dias, uma proporção substancial de vacas será induzida a iniciar o ciclo dentro de alguns dias após a retirada da progesterona. Existem atualmente dois métodos utilizados para proporcionar este período de exposição à progesterona às fêmeas em anestro. Numa abordagem, a administração de uma injeção da hormona *GnRH* para induzir a ovulação e a formação de um *CL* fornece a progestina. Uma vez que se trata da primeira ovulação da fêmea em anestro, o *CL* resultante é de curta duração, mas este facto é irrelevante, pois o objetivo é proporcionar um curto período de exposição à progestina. A limitação desta abordagem é que, em grupos de vacas anestras, a resposta em termos de ovulação pode variar de <10 a >80+%. Uma alternativa à utilização da *GnRH* para induzir a pré-exposição à progesterona consiste em administrar progesterona ao animal durante um curto período de tempo (5-7 dias). Trata-se de um método mais previsível, uma vez que todos os animais recebem progesterona diretamente, em vez de apenas aqueles que ovulam, como acontece quando se utiliza *a GnRH.* O número de vacas que ovulam após o curto período de exposição à progesterona pode ser aumentado substancialmente através do fornecimento de um estímulo para induzir a ovulação durante o período de 1 a 3 dias após a retirada da progesterona. Isto é mais frequentemente conseguido em sistemas US com uma injeção de *GnRH* 1 a 3 dias após a retirada da progesterona. A capacidade de a exposição à progesterona a curto prazo induzir vacas anestras a iniciar o ciclo e a ter uma ovulação associada a um ciclo estral de duração normal são as principais vantagens desta abordagem em fêmeas anestras.

3.2.1. Uma injeção de prostaglandina com 5 dias de protocolo de reprodução

Injetar todas as fêmeas com prostaglandina no dia 0 e verificar se há cio e reproduzir 12 horas após o cio (Fig. 13). Com uma única injeção de prostaglandina, espera-se que cerca de 75% das fêmeas em ciclo apresentem um cio durante os 2 a 5 dias seguintes. As vacas em anestro não responderão a este protocolo de prostaglandina porque não têm um *CL* presente no ovário.

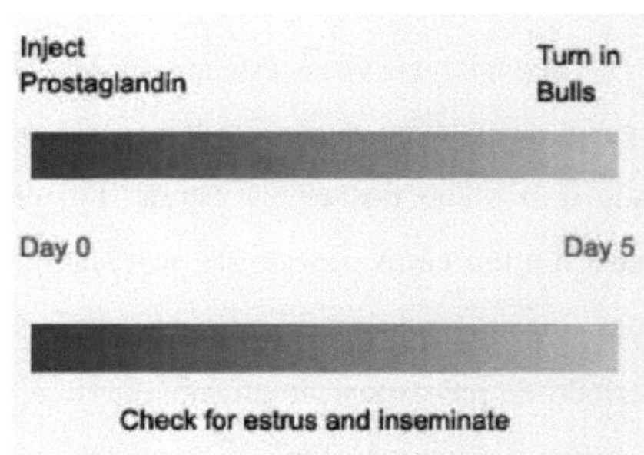

Fig. 13. Protocolo de uma injeção de prostaglandina com 5 dias de IA

3.2.2. Uma injeção de prostaglandina com 10 dias de protocolo de reprodução

Verificar a existência de cio e reproduzir todas as fêmeas em cio permanente durante os primeiros cinco dias da época de reprodução (ver figura 14). Injetar todas as fêmeas com prostaglandina que não tenham sido criadas no final do dia 5 e criar essas fêmeas 12 horas após o cio. Ao reproduzir durante 5 dias, nenhuma das vacas que recebem a injeção de prostaglandina estará entre os dias 1 e 5 da sua *EC.* As vacas que estão a ciclar devem apresentar cio dentro de 2-5 dias após a injeção de prostaglandina. Este protocolo pode resultar em mais de 90% das fêmeas cíclicas a serem inseminadas durante os primeiros 10 dias da época de reprodução.

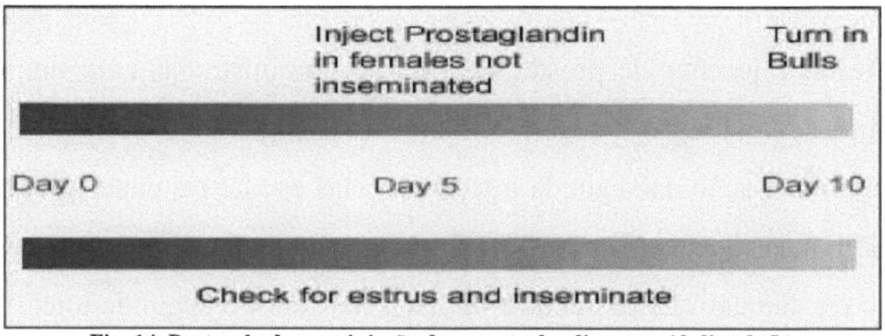

Fig. 14. Protocolo de uma injeção de progstaglandina com 10 dias de IA

3.2.3. Duas Injecções com Prostaglandina-Protocolo com 10 Dias de Reprodução

Os dois programas de injeção para a sincronização com prostaglandina permitem que as fêmeas sejam inseminadas após cada injeção de prostaglandina ou que a inseminação seja feita apenas após a segunda injeção. Neste protocolo, é administrada uma injeção de prostaglandina a todas as vacas (Fig. 15). Após uma injeção, cerca de 75% das fêmeas ciclando devem entrar em cio durante os 5 dias seguintes. As fêmeas que são detectadas em cio devem ser inseminadas 12 horas mais tarde.

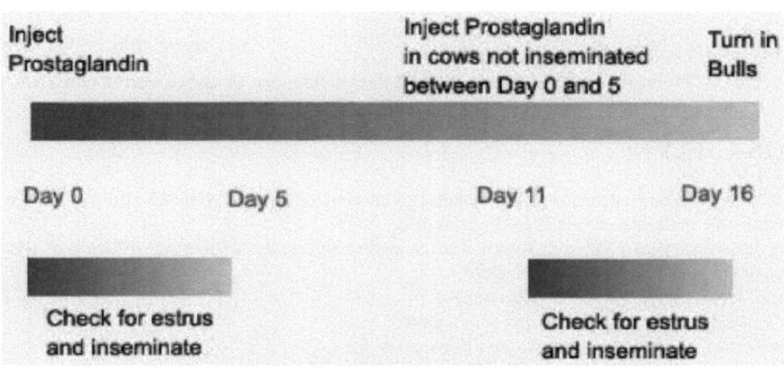

Fig. 15. Protocolo de duas injecções de prostaglandina com 10 dias de IA

As fêmeas que não forem detectadas em cio e criadas após a primeira injeção devem receber uma segunda injeção de prostaglandina 11 ou 14 dias mais tarde e ser criadas 12 horas depois de apresentarem um cio permanente. Ao reproduzir as fêmeas após cada injeção, certificar-se de que não se injecta prostaglandina nas fêmeas que foram inseminadas após a primeira injeção.

3.2.4. Duas Injecções com Protocolo de Prostaglandina com 5 Dias de Reprodução

Tradicionalmente, as injecções de prostaglandina são administradas com um intervalo de 11 dias e a reprodução ocorre após a segunda injeção (ver Fig. 16). No entanto, dados recentes sugerem que a administração da segunda injeção 14 dias após a primeira injeção resultou num maior número de fêmeas que apresentam cio. O protocolo de duas injecções deve teoricamente sincronizar o cio em fêmeas cíclicas dentro de 2 a 5 dias após a segunda injeção. Respostas de sincronização de 70 a 80% das fêmeas de um rebanho são comuns com este protocolo, mas podem ser altamente variáveis, dependendo do número de fêmeas anestras no rebanho. A inseminação temporizada com este protocolo não é recomendada.

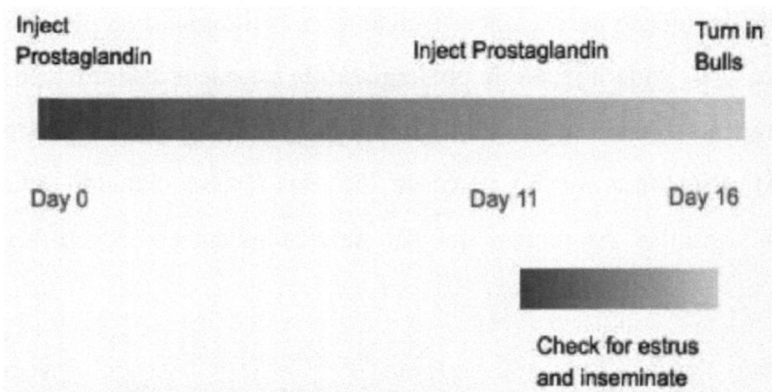

Fig. 16. Protocolo de duas injecções de progstaglandina com IA após a segunda injeção

PONTOS-CHAVE:

- Programa de nutrição de modo a que as vacas adultas parem com um Índice de Condição Corporal de 5 e as novilhas de primeira cria com um Índice de Condição Corporal de 6.
- Programa de nutrição para novilhas de substituição, de modo a que atinjam a puberdade e iniciem o ciclo estral pelo menos 3 semanas antes do início da época de reprodução.
- As fêmeas devem estar a apresentar ciclos estrais.
  - Vacas com pelo menos 40 a 50 dias após o parto.
  - Boas instalações para a contenção e o tratamento do gado.
  - Pessoas treinadas na deteção de cio.
  - A reprodução temporizada não é recomendada.

3.3. Hormona Progesterona

A progesterona é a hormona ovárica dominante presente na circulação durante o ciclo estral *(CE)* e é segregada pelo corpo lúteo *(CL)*. Este período do ciclo estral é também designado por fase lútea e dura desde o momento da ovulação até à regressão ou luteólise do *CL* perto do fim do ciclo. As progestinas suprimem o cio nos bovinos e têm sido amplamente utilizadas para alterar o ciclo estral. Estudos efectuados durante a década de 1940 revelaram que o cio podia ser retardado e, por conseguinte, sincronizado através da administração de progesterona exógena a bovinos ou ovinos. Isto conduziu a muitos estudos em que as progesteronas eram administradas por injeção, libertadas por uma esponja intra-vaginal ou administradas durante um período que podia ir até à duração do ciclo estral, excedendo-a, para sincronizar o cio após a interrupção da administração. Foi determinado que um aumento da duração da administração de progestina resultava num aumento da taxa de sincronização do cio. No entanto, a fertilidade foi comprometida após a administração de progestinas durante 14 dias ou mais e as taxas de gravidez foram inaceitáveis (Troxel, 2012).

A progesterona é uma hormona natural que funciona para manter a gravidez. Esta hormona também "bloqueia" o cio e a ovulação durante a fase de diestro do *CE* (Whittier, 2004). De acordo com Silva *et al.* (2007), são utilizados dois tipos de produtos de progesterona para sincronizar o cio:

- Um dispositivo de libertação intra-vaginal controlada *(CIDR®),* que é uma inserção que contém progesterona. É necessária uma ferramenta aplicadora especial para inserir o dispositivo. É colocado um fio para ser retirado no final do tratamento.
- *MGA®* (acetato de melengestrol), que é um aditivo alimentar progestogénico. Actua como a progesterona no organismo. Uma vez que os produtos *CIDR®* e *MGA®* "retêm" os animais fora do cio, a sua remoção atempada sincronizará o cio nas fêmeas que respondem. Quando *o CIDR®* é utilizado em combinação com *GnRH* ou prostaglandina, 20 a 40 % das fêmeas anestésicas podem ser induzidas ao cio.

Um dos primeiros métodos utilizados para sincronizar o cio em bovinos foi a alimentação a longo prazo com *MGA*, uma progestina sintética que suprime o cio quando administrada a uma taxa de 0,5 mg/cabeça/dia. *O MGA* ainda hoje é amplamente utilizado pelos confinamentos para suprimir o cio em novilhas de carne de bovino que estão a ser alimentadas para a colheita e utilizado para a sincronização do cio de novilhas com um programa de alimentação de 14 dias seguido de uma única injeção de PGF 17 dias após a retirada da alimentação com *MGA* (Lamb *et al.*, 2005). Está bem estabelecido que a administração de progesterona exógena pode acelerar a obtenção da puberdade em novilhas e fazer com que vacas anestrosas no pós-parto se tornem ciclando no estro (Day, 2004). A capacidade dos progestagénios exógenos para induzir o cio em vacas anestras foi atribuída, em parte, ao aumento da secreção *de LH* durante e após o tratamento. Foi relatado que o tratamento com progestina aumentou a secreção de *LH* em vacas de corte pós-parto (Garcia *et al.*, 1986), bem como em vacas leiteiras sazonais (Rhodes *et al.*, 2002). Além disso, a secreção de LH após o desmame foi aumentada em vacas com exposição prévia à progestina. Este aumento induzido de *LH* é importante porque imita o aumento proestroso de *LH* que conduz ao pico pré-ovulatório de *LH* (Lamb *et al.*, 2005; Day, 2004).

3.4. Sistemas de sincronização do cio baseados em GnRH

A hormona libertadora de gonadotropina ***(GnRH)***, ou (nomes comerciais Cystorelin®, Fertagyl®, Factrel® e OvaCyst®), é uma hormona natural que provoca a libertação de outras hormonas. Uma destas hormonas afecta o desenvolvimento do folículo no ovário; outra provoca a ovulação (El-Zarkouny *et al.*, 2004). Vários resultados de investigação indicam que quando *a GnRH* é administrada com a hormona prostaglandina a fêmeas não cíclicas, os padrões de desenvolvimento folicular são alterados, induzindo a ovulação (Hall, 2009). Os mesmos estudos afirmam que este tratamento pode induzir o cio em 10 a 30 % das fêmeas anestésicas. O tratamento *com GnRH* não é recomendado para novilhas pré-púberes porque estas novilhas jovens ainda não estabeleceram ciclos estrais férteis e não têm uma resposta consistente à injeção desta hormona (El-Zarkouny *et al.*, 2004).

Foram desenvolvidos novos sistemas de sincronização do cio em vacas para inseminação artificial *(IA)* utilizando *GnRH* disponível no mercado. Estes sistemas permitem aos produtores inseminar artificialmente as vacas com pouca ou nenhuma deteção de cio. Pela primeira vez, os produtores dispõem de um sistema fiável que resulta em taxas de gravidez aceitáveis para a *IA* cronometrada (Foster *et al.*, 2009). Um grande número de vacas são sincronizadas e inseminadas artificialmente por um técnico, são exemplos do uso efetivo da *IA* em vacas comerciais. As colheitas de vitelos resultantes são agrupadas e vendidas em lotes de camiões com uma vantagem de preço considerável. Uma parte desta vantagem é devida à *IA* e o restante é devido à seleção, programas de saúde e número de vitelos. Além disso, estes grupos estão construindo uma reputação favorável para bezerros uniformes de alta qualidade. Avanços recentes na sincronização do estro usando *GnRH* estão permitindo que estes grupos tirem vantagem da *IA* (Hall, 2009).

O que é que *a GnRH* faz?

A GnRH é uma hormona produzida naturalmente nas vacas que faz com que a vaca liberte outra hormona - a hormona luteinizante. *A LH,* em conjunto com a hormona folículo-estimulante *(FSH),* aumenta o crescimento dos folículos ováricos que contêm o óvulo em desenvolvimento (Pursley *et al.,* 2001). Grandes quantidades de *LH* também provocam a ovulação (libertação do óvulo). Após a ovulação, forma-se um corpo lúteo (*CL*) no ovário e produz progesterona que prepara o útero para a gravidez e impede o regresso ao cio.

Durante um ciclo estral natural, *a GnRH*, através da *FSH* e da *LH*, faz com que os folículos se formem e cresçam em pequenos grupos ou ondas no ovário (Fig. 15). O maior folículo (dominante) (A) da onda impede o crescimento de novos folículos (B). No entanto, o folículo dominante tem de ovular dentro de alguns dias, caso contrário regride (D) e começa a crescer uma nova vaga de folículos. Enquanto o *CL* produzir progesterona, a vaca não libertará GnRH e *LH* suficientes para provocar a ovulação (Pursley *et al.,* 2001). O *CL regredirá* e deixará de produzir progesterona se a vaca não ficar grávida. Quando o *CL* regride, a libertação de *GnRH* e *LH* aumenta e o folículo dominante cresce e produz estrogénio que provoca os sinais de cio. Em seguida, é libertado um pico de *LH* e a vaca ovula (El-Zarkouny *et al.,* 2004).

Em que é que os sistemas GnRH são diferentes dos outros sistemas *ES*?

Os sistemas tradicionais de sincronização do cio apenas sincronizam o cio, não a ovulação (Foster *et al.,* 2009). Por exemplo, o sistema Lutalyse® de duas injecções resulta em vacas que ovulam em várias alturas ao longo de 5-7 dias. Para atingir taxas de prenhez aceitáveis, os produtores tinham de verificar o cio durante 5-7 dias e reproduzir as vacas 12 horas após o cio (Fricke, 2003). Isto significava reunir as vacas 2-3 vezes para sincronizar os cios e depois retirar grupos de vacas em cio do rebanho para serem reproduzidas. Como referido por Jobst *et al.* (1999), uma vez que as vacas não entravam todas em cio num só dia, os grupos de vacas tinham de ser retirados e criados ao longo de um período de 5 dias. Isto equivale a 10 cobrições, o que implica um esforço considerável para uma exploração mais pequena (<75 vacas) com mão de obra e instalações limitadas. Além disso, a disponibilidade e as despesas do técnico de IA tornam-se um fator com apenas algumas vacas para reproduzir em cada viagem (Pursley *et al.,* 2001).

Os novos sistemas de *GnRH* sincronizam o crescimento folicular e a ovulação, de modo que todas as vacas ovulam com poucas horas de diferença. Uma outra vantagem dos sistemas de *GnRH* é o facto de induzirem a ovulação e os ciclos estrais em vacas que não estão em ciclo (Jobst et al., 1999). Se for administrada uma injeção de *GnRH* às vacas, é libertada *LH* suficiente para fazer com que o maior folículo do ovário ovule e forme um *CL* (Troxel, 2012). Uma nova vaga de folículos começará a crescer, uma vez que *a GnRH* "removeu" o folículo dominante (Fig. 18). Agora, o crescimento folicular das vacas está sincronizado.

Sete dias mais tarde, é administrada uma injeção de um análogo da prostaglandina *PGF2a* que regride o *CL* para sincronizar o crescimento folicular final e o cio. Dois dias após a injeção de *PGF2a,* é administrada uma segunda injeção de *GnRH* para fazer com que todas as vacas ovulem aproximadamente ao mesmo tempo (Jobst *et al.,* 1999). Uma vez que a ovulação está agora sincronizada, todas as vacas da manada podem ser reproduzidas por *A/temporizada* num ou dois grupos (Pursley *et al.,* 2001).

Como funcionam os sistemas *GnRH*?

Os sistemas de sincronização baseados em *GnRH* são ilustrados na Fig. 18. Ovsynch e CO-Synch® são sistemas *Al* cronometrados, enquanto Select-Synch® requer controlo de cio (Fricke, 2003; Geary & Whittier, 1997).

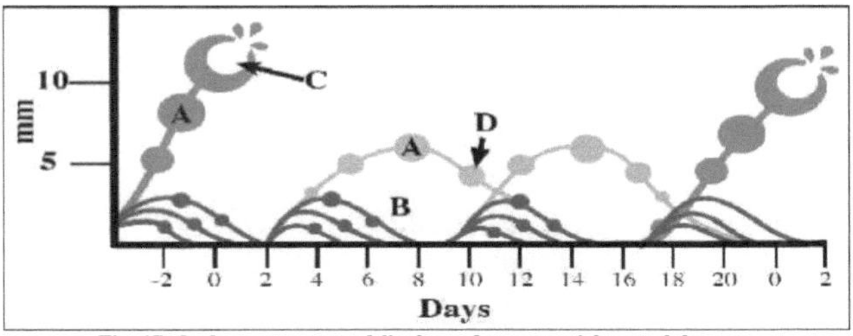

Fig. 17. Ondas e estruturas foliculares durante o ciclo estral da vaca.
Dia 0 = dia do cio. Folículos dominantes, A; folículos subordinados, B; folículo ovulatório, C; e folículo em regressão, D.

Todos os sistemas começam com uma injeção de GnRH (100pg) para sincronizar o crescimento folicular, seguida, 7 dias mais tarde, por uma injeção de um produto de prostaglandina *(PGF)* (isto é, Lutalyse®, Estrumate®, In-Synch®, ou Prostamate®) para levar as vacas ao cio. A dosagem de *PGF* varia consoante o produto, pelo que deve ler e seguir cuidadosamente as instruções do rótulo (Stevenson *et al.*, 2008).

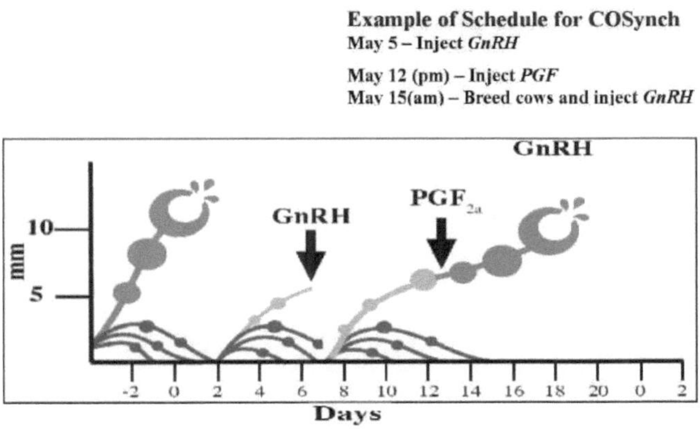

Fig. 18. Sincronização do crescimento folicular e da ovulação por gnrh e PGF2a.
A GnRH elimina o folículo dominante, dando origem a uma nova vaga de folículos cerca de 2 dias mais tarde. A prostaglandina (PGF2a) destrói (mata) o corpo lúteo, o que permite que o novo folículo ovule.

Com o Ovsynch e o CO-Synch, uma segunda injeção de *GnRH* provoca a ovulação. Muitas vacas nesses programas nunca apresentarão cio. Com o *Select-Synch®,* as vacas apresentarão cio e ovularão naturalmente, mas em 2 ou 3 dias (Foster *et al.*, 2009).

El-Zarkouny *et al.* (2004) sugeriram que as taxas de prenhez com os sistemas de sincronização de *GnRH* podem ser maximizadas com a incorporação de estratégias adicionais. Primeiro, as vacas no programa Ovsynch devem ser inseminadas 16 a 18 horas após o segundo GnRH (Rhodes, 2003).

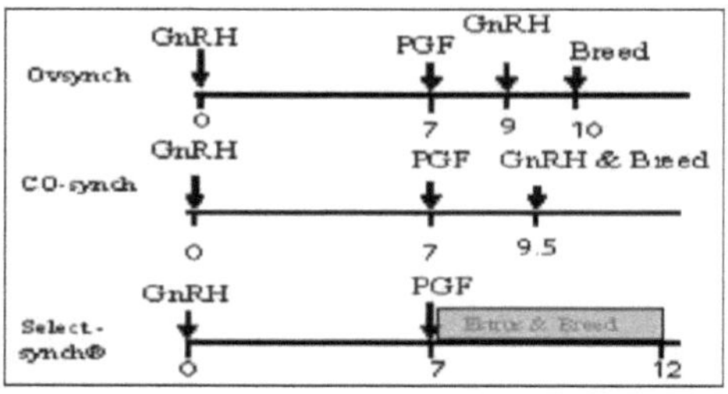

Example of Schedule for Ovsynch
May 5 – Inject GnRH
May 12 – Inject PGF
May 14 (pm) – Inject GnRH
May 15 (am) – Breed cows

Fig. 19. Linhas de tempo para sistemas de sincronização baseados em *GnRH*

Isto significa que a segunda injeção de *GnRH* deve ser administrada ao fim da tarde, com a reprodução a ocorrer na manhã seguinte. Além disso, 80 a 90% das vacas em Ovsynch ou CO-Synch não serão observadas em cio. O *GnRH* causará de facto a ovulação antes de a vaca começar a apresentar o cio (El-Zarkouny *et al.*, 2004).

Com todos estes sistemas, cerca de 8 a 15% das vacas entram em cio entre a injeção de PGF_{2a} e a segunda injeção de *GnRH* (ou 48 horas). Estas vacas devem ser inseminadas 12 horas após o início do cio (Rhodes, 2003; Burton & Jolly, 2000). Por conseguinte, é necessária alguma deteção do cio para garantir taxas máximas de gestação.

O CO-Synch funciona melhor quando a segunda injeção de *GnRH* e a reprodução são adiadas até 64 horas após a injeção de prostaglandina. Mais uma vez, as vacas que entram no cio precocemente têm de ser reproduzidas em resposta a esse cio. Frequentemente, muitas destas vacas "precoces" serão inseminadas ao mesmo tempo que as vacas que são criadas ao mesmo tempo. Uma nutrição adequada antes do parto é essencial para o sucesso dos sistemas. As vacas devem ter um índice de condição corporal 5 ou superior para atingir taxas máximas de gravidez. Lamb *et al.* (2005) observaram que a separação dos bezerros das vacas durante 48 horas após a injeção de PGF pode melhorar a resposta reprodutiva em vacas com um índice de condição corporal 3 ou 4.

Finalmente, estes sistemas não funcionam bem em novilhas virgens. Os sistemas de *GnRH* só devem ser utilizados em vacas maduras. Parece que as novilhas têm um padrão diferente de ondas foliculares que reduz a eficácia da *GnRH* em fêmeas jovens (Foster *et al.,* 2009).

Resultados com sistemas GnRH

De 1999 a 2001, especialistas em extensão, agentes e veterinários realizaram ensaios com os sistemas de sincronização de *GnRH* em mais de 1000 vacas na Virgínia. Algumas dessas vacas receberam sistemas de sincronização mais antigos, como o *Syncro-Mate-B®* ou duas doses de Lutalyse® (Rhodes, 2003; Burton & Jolly, 2000). Alguns dos sistemas *sem* GnRH não são mostrados porque havia muito poucas vacas no sistema ou apenas uma exploração utilizava o sistema, pelo que os resultados não eram significativos. Em todos os casos, os sistemas *GnRH* superaram os sistemas mais antigos em vacas amamentando bezerros, aumentando as taxas de prenhez de *IA* para uma única inseminação (Lamb *et al,* 2005).

O CO-Synch e o Ovsynch foram os sistemas mais consistentes. As manadas com baixas taxas de gestação, nos grupos CO-Synch e Ovsynch, resultaram de problemas com a condição corporal das vacas ou com o manuseamento do sémen. No entanto, estas manadas com baixas taxas de prenhez foram incluídas na média e apresentadas como uma chamada de atenção para outros factores que afectam as taxas de prenhez na IA (Lamb *et al.,* 2005). Em contrapartida, o fraco desempenho do Synchro-Mate-B resulta da sua ineficácia em vacas no final do ciclo estral.

Tabela 2. Resultados de ensaios de sincronização na exploração em bovinos de carne (Hall & whittier, 2001)

System	Number of Cows Synchronized	Average % Pregnant to Single AI	Range in % Pregnant to Single AI
Syncro-Mate-B	78	48.7	37.5 – 56.5
CO-Synch 64	299	49.8	43.6 – 58.8
Ovsynch	291	55.3	40.0 – 65.1
Select-Synch	97	62.9	52.9 – 71.0

Outra vantagem dos sistemas de *GnRH* é a redução da duração da época de partos. Produtores com vacas em boas condições corporais relatam que 75-90% das vacas parem nos primeiros 30 dias da época de partos após a sincronização *com GnRH*. Muitas das vacas que não conceberam à *IA* ficaram prenhes ao primeiro serviço do touro de limpeza. Além disso, os produtores relatam taxas gerais de gravidez de 85% a 98% numa época de reprodução de 60 dias (Whittier *et al.*, 2004).

Pesquisas realizadas recentemente demonstraram que a redução da dose de *GnRH* para 50iig não alterou as taxas de prenhez (Tabela 2) (Foster *et al.*, 2009). No entanto, os produtores devem ter o cuidado de administrar com precisão e completamente esta pequena dose na vaca. Agulhas de menor calibre e seringas de tamanho reduzido são necessárias para administrar com precisão a dose de 50,g. É necessário ter extremo cuidado com a dose de 50,ig para que os produtores não reduzam o custo farmacêutico apenas para comprometer as taxas de gravidez. Esta investigação também indica que a utilização da dose de 100iig pode compensar os erros de injeção (Day, 2004).

4. PROGRAMAS DE SINCRONIZAÇÃO DO ESTRO

4.1. Sincronização com ProstaglandinaF_{2a}

4.1.1. Prostaglandina de uma injeção

A opção 1 mostra que uma única injeção de prostaglandina (Fig. 20) é administrada às fêmeas cíclicas, e depois estas fêmeas são criadas à medida que expressam o cio (Rhodes, 2003; Burton & Jolly, 2000). A desvantagem deste programa é que um terço das fêmeas não responde à injeção, mas as vantagens são o custo mais baixo de uma injeção e o facto de as fêmeas só serem manipuladas uma vez, exceto para a reprodução (Burton & Jolly, 2000). Uma segunda opção de injeção única requer a deteção de um cio antes de ser administrado qualquer tratamento com prostaglandinas (Rhodes, 2003).

O produtor detecta o cio durante 5 dias e cria cada vaca à medida que ela apresenta o cio. As vacas que não tenham apresentado cio até ao quinto dia recebem uma injeção de prostaglandina, que deverá induzi-las a entrar em cio em cerca de 3 a 5 dias (Rhodes, 2003). O mesmo estudo indicou que uma percentagem relativamente grande (75 a 80%) deste tipo de animais necessitará desta injeção.

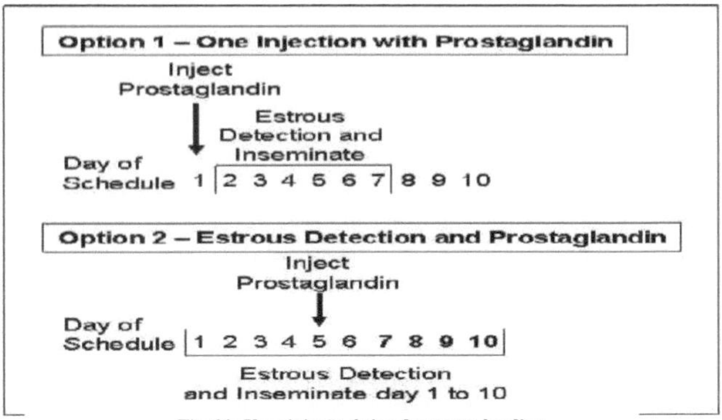

Fig. 20: Uma injeção única de prostaglandina

A opção 2 representa a maior poupança em termos de custos e de mão de obra associada ao tratamento porque só é administrada uma injeção e nem todas as vacas vão precisar dela. Além disso, a deteção do cio durante 5 dias dá ao produtor uma ideia do número total de vacas que estão a ciclar.

Durante este período de 5 dias, cerca de 20 a 25% das vacas devem apresentar um cio (4 a 5% por dia). Se 4 a 5 % das vacas não apresentarem cio todos os dias, então as vacas provavelmente não estão a programar. A desvantagem deste programa é que requer 5 dias de deteção exacta do cio antes de ser administrado o tratamento com prostaglandinas. Este programa é recomendado devido à oportunidade de determinar o estado reprodutivo do efetivo antes de os animais serem tratados para sincronização.

4.1.2. Duas injecções-Prostaglandina em combinação com GnRH

A opção 1 utiliza duas injecções de prostaglandina com um intervalo de 14 dias (Fig. 21). Não é necessária a deteção do estro antes ou entre as injecções (Rhodes, 2003). Todas as vacas ciclando.

4.1.2.1. O programa Ovsynch

O programa Ovsynch (Fig. 21) prevê uma injeção de *GnRH* no dia 1, uma injeção de prostaglandina no dia 8, uma segunda injeção de *GnRH* no dia 10 e depois TAI no dia 11.

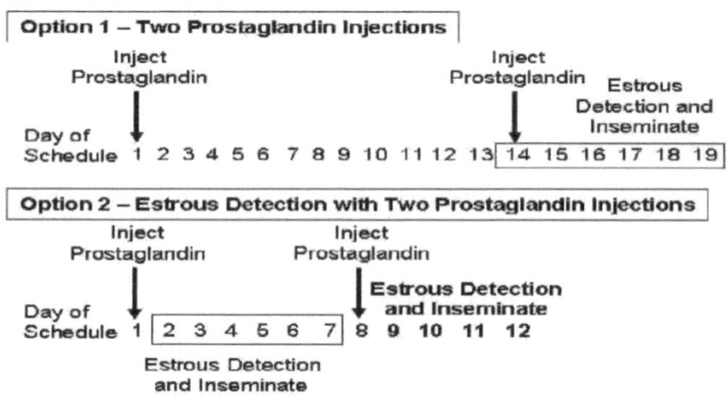

Fig. 21. Opções do protocolo de injeção de prostaglandinas

As vantagens deste programa são a sincronização rigorosa do cio, a maioria das fêmeas responde ao programa e incentiva o cio em vacas não cíclicas que estão pelo menos 30 dias após o parto. As desvantagens do programa são o seu custo relativo e o facto de as fêmeas serem manipuladas três vezes antes da reprodução. A remoção do vitelo a curto prazo (48 horas) após a injeção de prostaglandina pode melhorar a resposta das vacas pós-parto.

4.I.2.2. Programa de co-sincronização

O programa CO-Synch (Fig. 24) requer uma injeção de GnRH no dia 1, uma injeção de prostaglandina no dia 8 e depois uma segunda injeção de GnRH com reprodução no dia 10. As vantagens deste programa são a sincronização rigorosa do cio, o facto de a maioria das fêmeas responder ao programa e o facto de incentivar o cio em vacas não cíclicas que tenham pelo menos 30 dias de pós-parto.

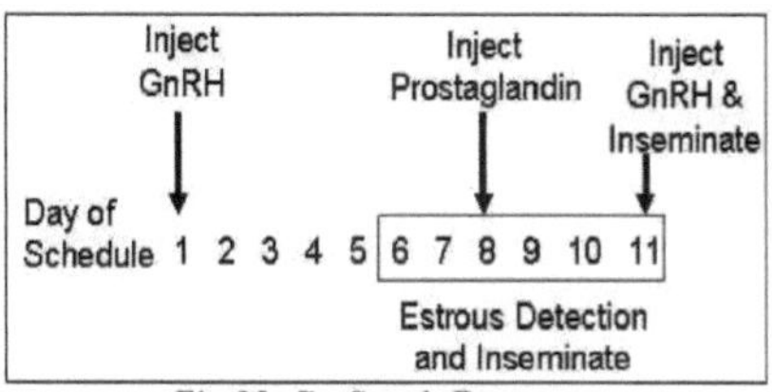

Fig 22. Co-Synch Program

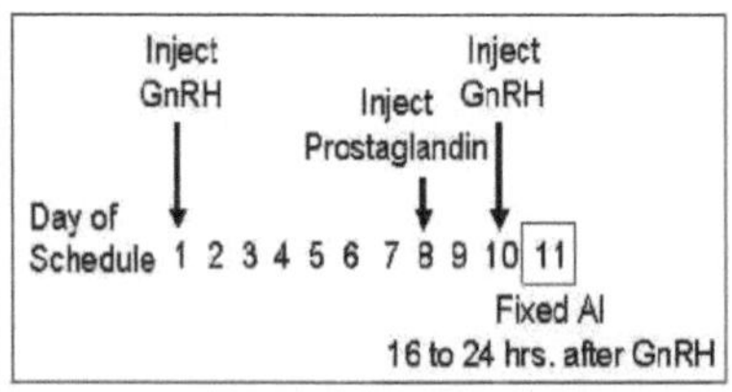

Fig 23. Select -Synch

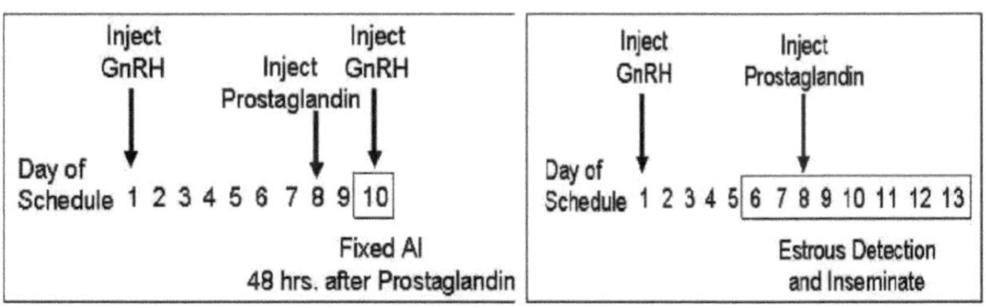

Fig 24. Hybrid-Synch

As desvantagens do programa são o custo relativo e o facto de as fêmeas serem manipuladas duas vezes antes da reprodução, que é a única diferença entre o CO-Synch e o Ovsynch. Algumas fêmeas apresentam uma melhor resposta ao cio quando se utiliza a remoção do vitelo durante 48 horas após a injeção de prostaglandina.

4.2. Acetato de Melengesterol e Prostaglandina

O Acetato de Melengesterol *(MGA)* é o único produto de sincronização que é administrado por via oral. É adicionado à ração de modo a que as fêmeas recebam 0,5 mg por cabeça e por dia durante 14 dias. Após a remoção do *MGA* da ração, as fêmeas cíclicas começarão a apresentar cio, que é subfértil, e não se recomenda a reprodução. As fêmeas devem ser reproduzidas no segundo cio após a remoção *do MGA* (Fig. 22). Uma *segunda* opção de alimentação com MGA (Fig. 23) consistiria em administrar uma injeção de prostaglandina 19 dias após a remoção do *MGA* da ração. Isto aumentaria a sincronia das fêmeas e reduziria o tempo gasto na deteção do estro e na reprodução. A terceira opção (Fig. 24) consistiria em administrar uma injeção de prostaglandina no momento da remoção do *MGA da ração*, bem como 19 dias após a remoção. Isto reduz ainda mais o tempo gasto na deteção do estro e na reprodução (Chenault *et al.*, 2011).

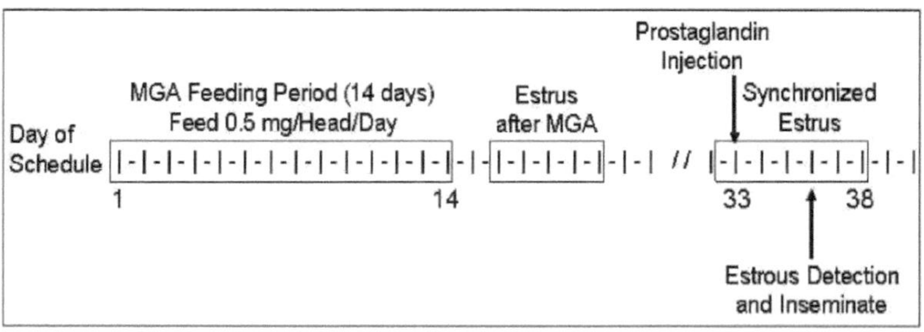

Fig. 25: Sincronização com acetato de melengesterol e prostaglandina F2alfa

A sincronização apenas com *MGA* é de baixo custo e tem um manuseamento mínimo, mas o tempo gasto na deteção do estro e na reprodução pode ser de vários dias (Trixel, 2012). A adição de uma ou duas injecções de prostaglandina aumenta o custo e o manuseamento, mas proporciona uma sincronia mais concentrada. Todos os programas com *MGA* exigem que as fêmeas sejam alimentadas diariamente, o que aumenta o nível de manejo e equipamentos necessários. Pesquisas mostraram que quando os bezerros foram removidos por 48 horas a partir do segundo dia após o término da alimentação com *MGA*, as taxas de conceção melhoraram um pouco (Fricke, 2003; Pursley *et al.*, 2001).

4.3. Libertação interna controlada de fármacos *(CIDR®)*

O protocolo *CIDR (CIDR®)* consiste em colocar o inserto na vagina da vaca durante 7 dias; depois, 24 horas antes da remoção, injetar a vaca com uma dose regular de Lutalyse. O cio ocorre geralmente muito rapidamente (dentro de 2-3 dias) após a remoção do CIDR no 7º dia (Blender, 2002). *O CIDR®* Cattle Insert é um inserto vaginal de progesterona utilizado para sincronizar o cio e acelerar a puberdade ou a ciclicidade pós-parto em vacas e novilhas de carne. De acordo com Stevenson *et al.* (2008), é o primeiro produto aprovado para o controlo reprodutivo em vacas leiteiras e de carne há mais de 20 anos.

Um dos avanços mais recentes nos protocolos de sincronização do estro tem sido o aumento do uso de dispositivos *CIDR* (Fig. 26) (Stevenson et al., 2008).

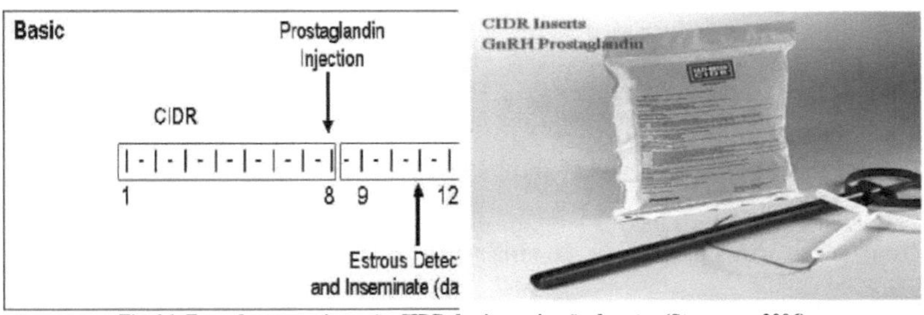

Fig. 26: Entradas para a inserção CIDR da sincronização do estro (Stevenson, 2006)

Estes dispositivos de plástico impregnados de progestina são colocados na vagina para que as hormonas possam ser difundidas no sistema da mulher. Os protocolos que utilizam *CIDRs* podem variar de extremamente simples a extremamente complexos (Fig. 26) (Lucy, 2002). O protocolo mais básico envolve a colocação do *CIDR* na fêmea durante sete dias e a administração de uma injeção de prostaglandina F2a aquando da remoção *do CIDR*. A deteção de cio é implementada durante aproximadamente 3 a 4 dias no protocolo básico (Lamb *et al.*, 2005).

4.4. Taxas de conceção resultantes da sincronização do cio e da IA

Uma das maiores preocupações que os produtores têm quando implementam um programa de sincronização do estro e inseminação artificial é a taxa de conceção esperada. Os relatórios de investigação dos vários programas de sincronização apresentam resultados variados (Fericke, 2008). Em muitos trabalhos de investigação em que as vacas e/ou novilhas foram sincronizadas e reproduzidas uma vez ou reproduzidas uma vez num cio normal, a taxa média de conceção foi de 49% com um desvio padrão de 11%. Isso significa que dois terços desses estudos relataram taxas de conceção dentro de uma faixa de 38 a 60% (Jobst *et al.,* 2004). Com novilhas saudáveis, cíclicas e em boas condições corporais, as taxas de conceção no primeiro serviço com técnicos de IA qualificados podem aproximar-se dos 75%. No entanto, geralmente não é esse o caso, e uma estimativa mais exacta é de 50 a 55% (NADA, 2006; Wiltbank, 2002). As taxas de conceção são afectadas pelo número de fêmeas que são cíclicas, saudáveis e em boas condições corporais devido ao nível de nutrição (Fericke, 2008). Técnicos especializados na deteção do estro e na IA também afectam as taxas de conceção. A inadequação em qualquer uma destas áreas pode significar um desastre para um programa de sincronização do estro (Lamb *et al.,* 2005). A Tabela 1 classifica o custo e as necessidades de manejo de cada programa de ES. Esta informação pode ser usada como um guia para selecionar o programa certo para cada situação *(NADA,* 2006; Wiltbank, 2002).

4.5. Dicas para um programa de sincronização bem-sucedido

Tem sido afirmado que para o desenvolvimento de um rebanho de vacas produtivas de alta qualidade, muitos aspectos relacionados ao manejo do rebanho como nutrição e outros conceitos básicos de manejo são algumas das ferramentas mais importantes (Burton & Jolly, 2000). Nesta edição eu gostaria de me aventurar um pouco mais longe do centro e olhar para uma ferramenta de manejo que está sendo usada com maior freqüência e que pode aumentar significativamente o valor da safra de bezerros: a sincronização de cios.

Recomenda-se que a sincronização do estro pode não ser para todos os produtores. A utilização desta tecnologia requer geralmente uma gestão competente e instalações adequadas (Troxel, 2012). As vacas responderão mal se não forem alimentadas corretamente ou se a condição corporal for inferior à adequada. O nível de saúde do rebanho também é um fator, uma vez que muitas doenças causam falhas reprodutivas (Burton & Jolly, 2000; Britt & Gaska, 1998).

4.5.1. Programa de gestão da reprodução

É bem aceite que há necessidade de sistemas eficazes de gestão para um elevado desempenho reprodutivo dos bovinos, sem que seja uma questão de concentrar a atenção apenas quando há um problema de fertilidade do efetivo (Gordon *et al.*, 2002). Existem muitos estudos, principalmente em efectivos leiteiros, que mediram o desempenho reprodutivo alcançado em efectivos de ordenha, de modo que é bem conhecido o que pode ou não ser alcançado em termos de eficiência reprodutiva (Sprecher *et al.*, 1995). Vários relatórios também mostraram que programas de manejo reprodutivo bem supervisionados podem melhorar a fertilidade. O valor de uma manutenção de registos exaustiva e precisa não deve exigir qualquer ênfase. Num estudo sobre as razões para o abate de vacas, Singleton & Dobson (1995) sugerem que os sistemas de registo utilizados em muitas explorações estão longe de ser adequados; se esses agricultores melhorassem os seus sistemas de registo e fizessem com que as vacas fossem testadas com precisão para detetar a gravidez, especialmente antes do abate, os rendimentos poderiam aumentar consideravelmente.

4.5.2. Distribuição dos partos

Quanto maior for a proporção de vacas que parem nos primeiros 21 dias da época de partos, melhor será a resposta esperada de um programa de sincronização e *IA* (por exemplo, Archbald *et al.*, 2012). Embora alguns protocolos de sincronização possam induzir o cio e a ovulação em algumas vacas não cíclicas, é pouco provável que as vacas que pariram durante os 30 dias imediatamente anteriores ao início da época de reprodução respondam (Lamb *et al.*, 2005; El-Zarkouny *et al.*, 2004).

A utilização de um protocolo de sincronização todos os anos pode aumentar gradualmente a proporção de vacas que parem nos primeiros 30 dias da época de partos e, subsequentemente, aumentar as taxas de gestação para IA de forma paralela. Com épocas de reprodução mais longas (mais de 70 dias) e com menos de 60% do efetivo a parir nos primeiros 42 dias da época de partos, é de esperar taxas de prenhez à IA muito mais baixas. Não é recomendada a IA cronometrada de todo o efetivo (Chenault *et al.*, 2011).

4.5.3. Estado do corpo

A condição corporal influencia a duração do anestro pós-parto e, por conseguinte, aumenta a proporção de vacas que ciclam no início da época de reprodução. As vacas precisam de ter um balanço energético positivo para retomar os ciclos estrais normais (Troxel, 2012). Numa gama de índices de condição corporal (ECC) de 4 a 5,5 (1= magro a 9= gordo), a proporção de vacas que ciclam aumentou 18% por cada unidade de aumento no índice de condição corporal. Esta reação provavelmente estabilizaria para vacas com ECC superior a 6,5 (BHP, 2013; Johnson & Stevenson, 2006). A capacidade da vaca para conceber no início da época de reprodução também aumenta neste intervalo de ECC. É altamente necessário utilizar seringas e agulhas de tamanho adequado, seguir as instruções do rótulo e as directrizes de garantia de qualidade dos produtos. O objetivo é a precisão, não a rapidez. O NDBQA (1999) e Odde *et al.* (1990) recomendam que não se injete na parte superior do rabo e que se certifique de que possui o equipamento adequado em quantidade suficiente (pelo menos uma agulha por cada 10-15 vacas).

4.5.3.1. Vacas adultas

- O índice de condição corporal (ECC > 5) é considerado - Bom candidato à sincronização e à IA (Geary & Whittier, 1997).
- Índice de condição corporal (ECC) 4 a 4,5 para - As taxas de gravidez na IA serão mais baixas. O risco de má resposta pode ser reduzido se o plano de nutrição tiver sido aumentado três a quatro semanas antes do início da época de reprodução. Não é recomendada a IA cronometrada.
- O Índice de Condição Corporal (ECC) <4 é considerado - Fraco candidato à sincronização. A IA cronometrada não é recomendada (Johnson & Stevenson, 2006).

4.5.3.2. Novilhas de primeira cria

Índice de condição corporal Índice de condição corporal (ECC) > 5,5 - Bons candidatos se tiverem parido três semanas antes das vacas adultas (Geary & Whittier, 1997).

BCS 4.0 a 4.5 - Risco elevado. A resposta à indução da ovulação com GnRH é cerca de metade da resposta em vacas adultas com um índice de condição corporal semelhante (Johnson, 2006). Considere a utilização de vários métodos para induzir o ciclo de novilhas de primeira cria em anestro (por exemplo, remoção do vitelo e progestina) (Troxel, 2012).

4.5.3.3. Seleção de um método de sincronização

As várias abordagens à sincronização do estro requerem diferentes quantidades de tempo para serem implementadas. Os gestores que têm tempo limitado e mão de obra disponível devem considerar os métodos que permitem o "tempo de acasalamento" (TAI) (Johnson & Stevenson, 2006; El-Zarkouny *et al.*, 2004). Os mesmos estudos indicaram que, antes de selecionar qualquer tratamento, é necessário determinar o número de fêmeas que podem potencialmente responder ao tratamento. Se o número for baixo, o tratamento pode não se justificar. Os efectivos de vacas de carne bem geridos que parem em 80 dias ou menos respondem normalmente bem, pelo que o custo do tratamento se justifica (El-Zarkouny *et al.*, 2004). Em períodos de parto mais longos, as vacas podem ser separadas em grupos e tratadas de acordo com a idade dos seus vitelos. Qualquer vaca cujo bezerro tenha pelo menos 40 dias de idade pode ser tratada (Johnson & Stevenson, 2006). Vacas de corte com bezerros com menos de 40 dias de idade podem estar em anestro e responder mal à sincronização do cio. As vacas em condições corporais pobres ou marginais estarão provavelmente em anestro devido a uma nutrição inadequada. Assim, responderão mal aos tratamentos. A resposta das novilhas de substituição depende da proporção de novilhas que atingiram a puberdade (Rhodes, 2003; Burton & Jolly, 2000). As novilhas de 15 meses de idade, com um peso de pelo menos 65% do seu peso adulto esperado, responderão melhor do que as novilhas mais jovens com um peso inferior (NADA, 2006).

Todos os métodos de tratamento resultam em taxas de gravidez de cerca de 50 a 60 % entre as fêmeas que respondem ao tratamento (Chenault *et al.*, 2011). A taxa global de gravidez depende do número de fêmeas que apresentam cio durante o período (Archbald *et al.*, 2012). Ou seja, todas as fêmeas devem responder ao tratamento e apresentar cio se se pretender atingir uma taxa de gestação de 50 a 60% num único serviço. Se apenas 50 a 60% das fêmeas responderem e apresentarem cio, a taxa de prenhez num único serviço de IA será apenas de 25 a 30% (Rhodes, 2003; Wiltbank, 2002). A utilização de sémen de alta qualidade e de técnicos experientes pode ajudar a garantir a conceção nas fêmeas que respondem. Os ensaios de campo indicam que, para recuperar os custos do programa, pelo menos 60% das fêmeas devem ter um ciclo estral antes do tratamento (Rhodes, 2003). Se o número de fêmeas que respondem for desconhecido, detecte o cio durante 5 a 6 dias antes de administrar qualquer tratamento (Troxel, 2012). Se menos de 15% das fêmeas estiverem em cio durante esse período, a resposta ao tratamento subsequente será baixa (Chenault *et al.*, 2011). Uma alternativa é detetar o cio após qualquer tratamento. Ambas as abordagens permitem que os gestores vejam o grau de resposta e decidam se o programa deve ser continuado (Wiltbank, 2002).

4.5.3.4. CIDRs

Chenault *et al.* (2011) e Bulent (2013) referiram que é necessário seguir as instruções da embalagem. A limpeza é importante durante a inserção do medicamento. Em situações de confinamento ou no caso de novilhas, pode ser desejável encurtar a cauda do CIDR, deixando 2,5 polegadas expostas para que os companheiros de cercado não brinquem com a cauda e removam o CIDR precocemente; a reutilização de CIDRs não é recomendada (Lamb *et al.*, 2005).

4.5.3.5. MGA

É referido que o consumo diário uniforme e consistente aumenta quando existe um espaço adequado no beliche (18 a 24 polegadas para novilhas e vacas, respetivamente) (Fricke, 2003). Certifique-se de que todos os animais estão no beliche ou reunidos antes de os alimentar. Alimentar com *MGA* misturado com uma pequena quantidade de grão (3 a 5 lbs) que pode ser limpo num tempo relativamente curto, mas que permite que todos recebam a sua parte (Chenault *et al.*, 2011). Ao alimentar com *MGA* numa ração mista total de grande volume, fornecer metade ou menos da ração diária na primeira alimentação com a dose total de *MGA*, fornecendo a ração restante no final do dia *(ABCA,* 2008). Isso aumenta as chances de que as fêmeas com menor ingestão consumam toda a dose diária. As vacas que estão apenas a receber erva nova na primavera, na altura em que a alimentação com *MGA* começa, podem ignorar completamente a ração *MGA* (Chenault *et al.,* 2011). Para melhorar o consumo, remover o sal de escolha livre do pasto antes da alimentação *MGA* e incluir 0,5 onças de sal por cabeça por dia no suplemento *MGA* (NADA, 2006).

4.5.3.6. Tempo de sincronização

Não combinar a administração de medicamentos de sincronização com a vacinação de rotina, especialmente com vacinas vivas modificadas (Burton & Jolly, 2000). A maioria das vacinações deve ser efectuada várias semanas antes do início da época de reprodução. Deve-se certificar de administrar o tratamento apropriado no dia apropriado. Alterações de um dia sequer podem prejudicar seriamente os resultados (Lamb *et al.,* 2005). Se pretender identificar com precisão os bezerros de IA versus os de cobrição natural, espere pelo menos 10 dias após o período sincronizado para fazer a cobrição dos touros e utilize a deteção precoce de prenhez. A deteção de prenhez 30 a 50 dias após a IA minimizará os erros na identificação correcta das prenhezes de IA (Archbald *et al.,* 2012).

4.5.3.7. Momento da inseminação artificial

A taxa de conceção mais elevada para a IA foi observada 4 a 12 horas após o início da atividade em pé. Assim, para os produtores que utilizam uma observação visual intensa e, portanto, têm uma estimativa precisa do início do cio, a inseminação pela regra AM/PM deve produzir as taxas de conceção mais elevadas (Chenault *et al.,* 2011). Se a deteção do cio ocorrer apenas duas vezes por dia, não será possível obter uma estimativa exacta do início da atividade em pé e a inseminação uma vez por dia pode fornecer resultados semelhantes aos de duas vezes por dia. Se os animais continuarem a exibir atividade em pé durante longos períodos (12 a 14 horas) após a inseminação inicial, a abordagem conservadora é inseminar (Chenault et *al.,* 2011; Barr, 2005).

4.5.3.8. Instalações

Instalações bem concebidas e em bom estado de conservação minimizam o stress dos animais e das pessoas para otimizar os resultados (Pursley *et al.,* 2001). Se a criação for efectuada com base em cios observados, são necessárias áreas que facilitem a separação e a retenção dos animais. Muitas vezes, as vacas criadas em cios observados são transferidas imediatamente após a IA para facilitar a deteção do cio e a seleção do grupo restante. Se as vacas puderem ser movidas para um pasto adjacente, um portão de arrasto pode funcionar para permitir que os bezerros se separem, economizando tempo e esforço consideráveis (Chenault *et al.*, 2011). As vacas geralmente ficam quietas em uma caixa de reprodução sem prender a cabeça. Certifique-se de ter um plano para tempo chuvoso (Barr, 2005). O manuseamento e a descongelação do sémen devem ser feitos fora da luz solar direta. Quando um grupo sincronizado de fêmeas começa a mostrar sinais de cio, mesmo a melhor cerca pode não deter os touros vizinhos (Rhodes, 2003; Wiltbank, 2002). Se não for possível evitar o contacto direto com os touros na linha da vedação, um fio quente colocado a uma distância razoável da vedação permanente pode impedir a reprodução não planeada (Chenault *et al.*, 2011).

4.5.3.9. Primeira sincronização

- Certificar-se de que os animais têm um índice de condição corporal adequado.
- Comece com um grupo mais pequeno; novilhas ou vacas em início de parto.
- Considerar a sincronização e a utilização do serviço natural dos touros no primeiro ano.
- Consulte um especialista para selecionar um sistema de sincronização.

Troque ajuda com uma operação que tenha experiência com IA e sincronização para aprender como eles fazem as coisas e para ter conhecimentos especializados à mão quando for a sua vez (Rhodes, 2003; Wiltbank, 2002).

4.5.3.10. Características de um programa de ES bem sucedido

Um programa de sincronização do cio bem sucedido requer as práticas de gestão descritas abaixo, tal como recomendado por vários resultados de investigação relacionados com o controlo reprodutivo dos bovinos:

- Bom programa de nutrição durante todo o ano.
- As vacas maduras têm um BCS mínimo de 5 na altura do parto e as novilhas de primeira cria um BCS de 6.
- A época de reprodução total é de 60 dias ou menos.
- Instalações funcionais para triagem, administração de tratamentos e IA.

- Ajuda especializada.
- Boa manutenção de registos.
- Programa de vacinação e saúde eficaz.
- Atenção aos pormenores.

5. CONSIDERAÇÕES E PRECAUÇÕES ESPECIAIS

5.1. Considerações especiais

Há considerações especiais ao usar MGA em combinação com prostaglandinas (Archbald *et al.*, 2012). Este método é tipicamente o mais rentável quando um lote seco ou um período de semi-confinamento é uma parte normal da gestão, tal como em programas de desenvolvimento de vacas ou novilhas no inverno. Os criadores devem certificar-se de que cada animal ingere uma quantidade adequada do suplemento alimentar *MGA* para que cada um receba a dose correcta e tenha uma resposta aceitável ao cio (El-Zarkouny *et al.*, 2004). A taxa de dosagem foi concebida para ultrapassar algumas das variações de ingestão entre animais individuais. No entanto, os animais devem ser forçados a consumir o suplemento, o que pode ser conseguido num confinamento ou semi-confinamento (Troxel, 2012; Johnson & Stevenson, 2003).

A utilização de suplementos alimentares *MGA* para sincronizar as fêmeas que pastam ao ar livre ou em pastagens não é recomendada porque não se pode assegurar uma ingestão adequada (Johnson & Stevenson, 2006). Isto é especialmente verdade no Sul, durante a primavera, quando as fêmeas podem ter pasto suficiente e, consequentemente, não têm apetite por suplementos alimentares. A ingestão não pode ser assegurada a menos que os animais sejam confinados durante o período de alimentação necessário de 14 dias (Bulent, 2013). As fêmeas que não estão habituadas a comer suplementos diários alimentados à mão podem necessitar de um período de "treino" de 7-14 dias, durante o qual são alimentadas com o suplemento sem *MGA* (Pursley *et al.*, 2001). Isto ajuda a garantir um consumo adequado. Após este período, *o MGA* pode ser adicionado ao suplemento para iniciar o tratamento (El-Zarkouny *et al.*, 2004).

5.2. Precauções e planeamento

Os gestores de efectivos devem ler e seguir os rótulos dos produtos ou as instruções prescritas antes de iniciar qualquer tratamento. Se os produtos forem utilizados incorretamente, haverá uma baixa resposta ao tratamento e baixas taxas de gravidez. Alguns produtos não podem ser utilizados em vacas leiteiras em lactação (Troxel, 2013; Johnson & Stevenson, 2006).

Utilizar as prostaglandinas com extrema precaução, uma vez que provocam abortos em animais e seres humanos. São facilmente absorvidas através da pele e causam dificuldades respiratórias (Pursley *et al.,* 2001). Evitar qualquer contacto com a pele. Lavar imediatamente os derrames acidentais da pele. Depois de selecionar um produto de sincronização, insira num calendário o horário de trabalho associado a esse protocolo (Johnson & Stevenson, 2008). O primeiro dia ou dias de inseminação devem coincidir com o início habitual da época de reprodução. Uma vez iniciado o programa, não alterar o calendário. A calendarização das injecções e dos dias de inseminação é fundamental para o sucesso (Troxel, 2012).

Nos dias de injeção e inseminação, podem ser necessárias pessoas adicionais para mover o gado através da calha, administrar injecções, ler marcas auriculares, descongelar o sémen e inseminar o gado (por exemplo, Troxel, 2012).

Lembre-se que a deteção de cio em programas de sincronização pode ser confusa devido à frequente atividade de monta. Devem ser utilizados pelo menos dois ou três observadores durante cada período de deteção (Johnson & Stevenson, 2008). Os períodos de deteção devem durar cerca de 1 hora e ocorrer 2 a 3 vezes por dia. A aplicação de adesivos de cio (Kmar® ou Estrus Alert®) pode tornar mais eficiente a deteção de vacas em cio (Lucy, 2002). Para reduzir a confusão causada por montagens repetidas, as fêmeas confirmadas em cio devem ser separadas das outras a meio de cada período de observação (Lucy *et al.,* 1999). As restantes fêmeas devem ser observadas durante a segunda metade da hora e as outras fêmeas em cio devem ser retiradas do recinto.

Quer se utilize o "time mating" ou a deteção de cio seguida de IA, é possível inseminar muitas fêmeas num período de tempo concentrado. Mas, dependendo do tamanho do rebanho e dos horários de inseminação, podem ser necessários até quatro técnicos (Pursley *et al.,* 2001). Use apenas técnicos experientes e permita que eles se alternem após cada 10 a 15 inseminações para evitar a exaustão. Técnicos cansados são menos eficazes. Se for utilizado o "time mating", os técnicos de IA devem descongelar o sémen ou efetuar as inseminações e não devem ser solicitados a desempenhar outras tarefas (Geary & Whittier, 1997).

Contactar os técnicos de IA várias semanas antes do início do programa. Os técnicos profissionais têm normalmente uma agenda preenchida durante a primavera e o outono e terão de coordenar os seus horários de trabalho (Johnson & Stevenson, 2006). Comprar todos os produtos, sémen e equipamento necessários pelo menos 10 dias antes do tratamento. Certificar-se de que as instalações de trabalho estão em boas condições. A maioria dos programas exige que as fêmeas sejam colocadas na calha pelo menos três vezes.

Manter registos precisos de todas as actividades. Utilize os números das marcas auriculares para identificar o reprodutor utilizado em cada fêmea e para registar a data e a hora do cio observado (Johnson & Stevenson, 2006). Também pode ser necessário registar qual o técnico de IA que efectuou cada inseminação para avaliar a eficiência dos técnicos. Nos dias de inseminação, não pedir ao responsável pelo registo que desempenhe outras tarefas. O registador deve estar alerta e livre de distracções devido à velocidade a que os técnicos experientes realizam as inseminações (Geary & Whittier, 1997).

Uma série de estudos recomendou que o manuseamento do gado fosse feito de forma a reduzir o stress (Johnson & Stevenson, 2006). Trabalhar com o gado em silêncio, evitar o excesso de contacto e não utilizar cães perto das condutas. Foi demonstrado que o stress produz certas hormonas que podem prejudicar a reprodução (Geary & Whittier, 1997). A redução do stress também pode melhorar a eficiência e as atitudes dos técnicos de IA, porque a maioria dos técnicos prefere inseminar bovinos que estão calmos do que aqueles que estão excessivamente excitados (Lucy *et al.,* 1999). Embora estes possam parecer pormenores insignificantes, são importantes para o sucesso do programa.

Programas eficazes de sincronização do cio:

1. Encurtar a época de reprodução por inseminação artificial (IA)

+ As vacas ou novilhas estão em cio durante um intervalo previsível que facilita a IA
+ Reduzir o tempo e o trabalho necessários para detetar o cio.

2. Resultam em mais vacas e novilhas que ficam grávidas no início da época de reprodução:

+ Os programas à base de progestina podem induzir a ciclicidade do estro em vacas anestras e novilhas pré-púberes (por exemplo: *MGA* ou *CIDR).*

+ As progestinas são compostos semelhantes à progesterona que actuam como a progesterona.

3. Resultam em vitelos mais velhos e mais pesados ao desmame.

4. Terá efeitos benéficos na próxima época de reprodução, tais como:

- Mais vacas e novilhas pariram mais cedo.
- Mais dias pós-parto na época de reprodução seguinte.
- As novilhas de substituição serão mais velhas.

5. Considere-se o que acontece durante uma época de reprodução restrita, com base no ciclo estral médio de 21 dias:

- Se as vacas ou novilhas estiverem a ciclar quando for implementado um tratamento de sincronização do cio e apresentarem cio durante o período sincronizado, terão ***3 oportunidades*** de conceber durante um período de 45 dias ou *4 oportunidades* durante um período de 65 dias.
- Se as vacas ou novilhas estiverem a ciclar, mas não for implementado qualquer tratamento de sincronização do cio, terão apenas 2 (45 dias) ou 3 (65 dias) oportunidades para conceber.
- Se as vacas ou as novilhas não estiverem a ciclar no início da época de reprodução, têm ainda menos oportunidades de conceber.

6. RESUMO E CONCLUSÃO

A sincronização do estro é a manipulação do ciclo estral dos bovinos de modo a que a maioria dos animais apresente um estro permanente num curto período de tempo. É um método muito eficaz para aumentar a proporção de animais que são criados no início da época de reprodução. A sincronização do cio, tal como o nome indica, é a manipulação do ciclo estral de modo a fazer com que um grupo de fêmeas, em fases aleatórias do ciclo estral, entrem em cio num momento preciso.

A sincronização do estro pode ser uma ferramenta útil no manejo reprodutivo de um rebanho de vacas. No entanto, se os níveis adequados de nutrição, condição corporal e saúde não forem mantidos, é provável que o programa falhe. Pode ser necessário melhorar as instalações e a gestão antes de implementar um programa de sincronização do estro.

Qualquer um dos muitos protocolos de sincronização de cio pode ser usado para obter uma boa sincronia de cio no seu rebanho. Para determinar qual o protocolo de sincronização que funcionará melhor na sua exploração, contacte o educador de gado local ou o especialista em gado do estado.

A sincronização do estro pode não ser adequada para todos os produtores, uma vez que a utilização desta tecnologia exige, geralmente, um maneio competente e instalações adequadas. As vacas responderão mal se não forem alimentadas corretamente ou se a condição corporal for inferior à adequada. O nível de saúde do rebanho também é um fator, pois muitas doenças causam falhas reprodutivas.

REFERÊNCIAS

American Dairy Science Association, Champaign, IL. Folman, Y., M. Kaim, Z. Herz, e M. Rosenberg. 2004. Comparação de métodos para a sincronização de ciclos estrais em vacas leiteiras. 2. Efeitos da progesterona e da paridade na conceção. J. Dairy Sci. 73:2817-2825.

Archbald, L. F., T. Tran, R. Massey e E. Klapstein. 2012. Taxas de conceção em vacas leiteiras após inseminação cronometrada e tratamento simultâneo com hormona libertadora de gonadotropina e/ou prostaglandina F2 alfa. Theriogenolo- gy 37:723-731.

Azage Tegegne, Aynalem Haile, Workneh Ayalew, Noah Kebede e Tadelle Dessie. 2011. Estratégia de criação para melhorar o gado Boran da Etiópia para a produção de carne e leite. IPMS (Improving Productivity and Market Success) of Ethiopian Farmers Project Working Paper 26. Nairobi, Quénia, ILRI.

Barr, H. L. 2005. Influência da deteção de estro nos dias abertos em rebanhos leiteiros. J. Dairy Sci. 58:246-247.

Britt, J. S., e J. Gaska. 1998. Comparação de dois programas de sincronização de cio num grande rebanho leiteiro em confinamento. J. Am. Vet. Med. Assoc. 212:210-212.

Bulent Bulbul, 2013. Super ovulação em vacas sincronizadas. Bahri Dagda§ Instituto Internacional de Investigação Agrícola, Criação de Animais e Biotecnologia. P.K.:125, Karatay, Konya, TR42020, Turquia. Correio eletrónico: bulbu- lent@hotmail. com

Burke, J. M., R. L. De La Sota, C. A. Risco, C. R. Staples, E. J.-P. Schmitt e W. W. Thatcher. 1996. Evaluation of timed insemination using a gonadotropin-releasing hormone agonist in lactating dairy cows. *J. Dairy Sci. 79:13851393.*

Burton, S. McDougall, & P. D. Jolly. Treatment of noncyclic lactating dairy cows with progesterone and estradiol or with progesterone, *GnRH*, prostaglandin F2 alpha and estradiol. J. Dairy Sci. 2000 83: 464-470.

C. R. Looney, J. S. Nelson, E. H. Riano e D.W. Forest. 2005. Estrus Synchronization Methods For Embryo Transfer In *Bos Indicus* Cattle Ovagenix, Bryan, TX e Department of Animal Science, Texas A&M University, College Station, TX

Chenault, J. R. 1992. Controlo farmacêutico dos ciclos estrais. In: H. H. Van Horn e C. J. Wilcox (Ed.) Large Dairy Herd Management. H. Van Horn e C. J. Wilcox (Ed.) Large Dairy Herd Management.pp 153-163.

Chenault, J. R., J. F. Boucher, K. J. Dame, J. A. Meyer e S. L. Wood-Follis 2011. Inserção de progesterona intra-vaginal para sincronizar o retorno ao estro de vacas leiteiras previamente inseminadas. *J. Dairy Sci. 2003 86: 2039-2049.*

Deutscher, G.H. 1990. Beef cattle handbook. Estrous synchronization for beef cattle (Sincronização do estro para gado de corte). BCH-2320, University of Wisconsin-Extension, Cooperative Extension Service. www.iowabeefcenter.org/pdfs/bch/02320.pdf

Dr. Tom R. Troxel, 2012. Synchronization of Estrus in Cattle, Divisão de Agricultura da Universidade do Arkansas, Little Rock.

El- Zarkouny, S. Z., J. A. Cartmill, B. A. Hensley e J. S. Stevenson. Pregnancy in Dairy Cows After Synchronized Ovulation Regimens With or Without Presynchronization and Progesterone (Gravidez em vacas leiteiras após regimes de ovulação sincronizada com ou sem pré-sincronização e progesterona). J. Dairy Sci. 2004 87: 10241037.

Fericke, P. M., D. Z. Caraviello, K. A. Weigel e M. L. Welle (2008). Fertilidade de vacas leiteiras após a ressincronização da ovulação em três intervalos após a primeira inseminação cronometrada J. Dairy Sci. 86: 3941-3950.

Fricke, P.M. Ovsynch, Pre-synch, and the Kitchen-Synch: What's up with Synchronization Protocols? Extensão da Universidade de Wisconsin, 2003.

Fricke, P. M., J. N. Guenther, e M. C. Wiltbank. 1998. Eficácia da diminuição da dose de GnRH utilizada num protocolo para sincronização da ovulação e IA cronometrada em vacas leiteiras em lactação. Theriogenology 50:1275-1284.

Geary, T. W., e J. C. Whittier. 1997. Modificação do protocolo de sincronização do estro Ovsynch para utilização em vacas de carne. J. Anim. Sci. 75(Suppl. 1):236 (Abstr.).

Ginther,-O.J.; Kot,-K.; Kulick,-L.J.; Wiltbank,-M.C. Emergência e desvio de folículos durante o desenvolvimento de ondas foliculares em bovinos. Therioge- nology. New York, N.Y. : Elsevier Science Inc. 1 de julho de 1997. v. 48 (1) p. 7587.

Gyawu, P., M. J. Ducker, G. S. Pope, R. W. Saunders, e G. D.A. Wilson. 1991. The value of progesterone, oestradiol benzoate and cloprostenol in controlling the timing of estrus and ovulation in dairy cows and allowing successful fixed time insemination.

Hansel,W. & Convey, E.M. (1983) *Journal of Animal Science,* **57** (Suppl. 2), 404.

Hansel,W., Alila, H.W., Dowd, J.P. & Milvae, R.A. (1991) *Journal of Reproduction and Fertility* (Suppl. 43), 77.

Heersche, Jr., G., e R. L. Nebel. 1994. Medição da eficiência e precisão da deteção de etrusrus. *J. Dairy Sci. 77:2754-2761.*

Hunter, R.H.F. (1980) *Physiology and Technology of Reproduction in Female Domestic Animals.* Academic Press, Londres.

Jobst, S. M., R. L. Nebel, M. L. McGilliard, e K. D. Pelzer. 1999. Avaliação do desempenho reprodutivo em vacas leiteiras em lactação usando três protocolos sistemáticos de reprodução: 14-d PGF, timed

Johnson, S. & J. Stevenson. 2006. *Dicas para um programa de sincronização bem-sucedido.* Kansas State University Agriculture Experiment Station e Cooperative Extension Service.

Lamb, G. C., J. S. Stevenson, D. J. Kesler, H. A. Garverick, D. R. Brown e B. E. Salfen. 2005. Inclusão de uma inserção intravaginal de progesterona mais GnRH e prostaglandina *F2a* para controlo da ovulação em vacas de carne de bovino amamentadas no pós-parto. J. Anim. Sci. 79:2253-2259.

Lucy, M. C. 2002. Controlando o Ciclo Estral com Progesterona. Actas da Sociedade de Teriogenologia, p 211-219. Society for Theriogenol- ogy, Nashville, TN.

Lucy, M. C., J. D. Savio, L. Badinga, R. L. De La Sota, e W. W. Thatcher. (1999). Factores que afectam a dinâmica folicular do ovário em bovinos. J. Anim Sci. 70: 3615-3626.

Meyer, JL. Taxas de estro e fertilidade para IA ou TE após a administração de estradiol ou estradiol e progesterona em combinação com uma inserção de libertação interna controlada de fármaco. Tese da Texas A&M. 2002.

Meyer, JA, D. Wideman, Jr, CR Looney, GA Bo, ML Day, JC Anderson e DW Forrest. 2000. Taxas de produção embrionária de bovinos superovulados com e sem a presença de um dispositivo intravaginal de libertação de progesterona. Theri- ogenology 53:504. (Abstr).

NADA 141-200 Progesterona EAZI-BREED™ CIDR® Cattle Insert, pedido suplementar de novo medicamento para animais. Resumo da Liberdade de Informação, 29 de julho de 2006. Folheto informativo, EAZI-Breed™ CIDR® Cattle Insert, NADA 141-200.

NDBQA (Programa de garantia da qualidade da carne de bovino da Dakota do Norte). 1999. Producers manual. North Dakota State University, Cooperative Extension Service. www.ag.ndsu.nodak.edu/bqa/manual/Bqa-pm.html.

Odde, K. G. A review of synchronization of estrus in postpartum cattle (Uma revisão da sincronização do cio em bovinos pós-parto). J Anim Sci 1990; 68:817.

Pursley, J. R., P. M. Fricke, H. A. Garverick, D. J. Kesler, J. S. Ottobre, J. S. Stevenson e M. C. Wiltbank. 2001. Projeto de Investigação Regional NC-113. Melhoria da fertilidade em vacas leiteiras em lactação ovulatórias tratadas com progesterona exógena durante o Ovsynch. J Dairy Sci (Midwest Branch ADSA Meetings, Des Moines, IA, Resumo 251 p. 63).

Pursley, J. R., M. O. Mee, e M. C. Wiltbank. 1995. Sincronização da ovulação em vacas leiteiras usando PGF2a e GnRH. Theriogenology 44:915.

Randel, R. D. Seasonal effects on female reproductive functions in the bovine (Indian Breeds). Theriogenology 1984;21:196-217.

Rhodes, F. M., S. McDougall, C. R. Burke, G. A. Verkerk e K. L. Macmillan. Revisão convidada: Treatment of Cows with an Extended Postpartum Ane- strous Interval. J. Dairy Sci. 2003 86: 1876-1894.

Vasconcelos, J. L. M., R. W. Silcox, G. J. Rosa, J. R. Pursley, & M. C. Wiltbank. 1999. Synchronization rate, size of the ovulatory follicle, and pregnancy rate after synchronization of ovulation beginning on different days of the estrous cycle in lactating dairy cows. Theriogenology 52:1067-1078.

Wiltbank, M. C. 2002. Regulação do Ciclo Estral Bovino. Actas da Sociedade de Teriogenologia, p.185-198. Nashville, TN. Xu, Z. Z., L. J.

MIX
Papier aus verantwortungsvollen Quellen
Paper from responsible sources
FSC® C105338

Printed by Books on Demand GmbH, Norderstedt / Germany